前進
火星

NATIONAL GEOGRAPHIC

前進火星

尋找人類文明的下一個棲息地

作者：巴茲．艾德林（Buzz Aldrin）
阿波羅 11 號登月太空人
共同作者：李奧納德．大衛
翻譯：林雅玲

前進火星：尋找人類文明的下一個棲息地

作　　者：巴茲・艾德林

翻　　譯：林雅玲

主　　編：黃正綱

文字編輯：盧意寧

美術編輯：張育鈴

行政編輯：潘彥安

發 行 人：熊曉鴿

總 編 輯：李永適

版　　權：陳詠文

財務經理：洪聖惠

行銷企畫：甘宗靄

出 版 者：大石國際文化有限公司

地　　址：台北市內湖區堤頂大道二段181號3樓

電　　話：(02) 8797-1758

傳　　真：(02) 8797-1756

印　　刷：群鋒印刷事業有限公司

2014年(民103) 3月初版

定價：新臺幣 320 元

本書正體中文版由 National Geographic Society 授權大石國際文化有限公司出版

ISBN：978-986-5918-47-7（平裝）

＊本書如有破損、缺頁、裝訂錯誤，請寄回本公司更換

總代理：大和書報圖書股份有限公司

地址：新北市新莊區五工五路 2 號

電話：(02) 8990-2588

傳真：(02) 2299-7900

國家地理學會是世界上最大的非營利科學與教育組織之一。學會成立於 1888 年，以「增進與普及地理知識」為宗旨，致力於啟發人們對地球的關心，國家地理學會透過雜誌、電視節目、影片、音樂、電台、圖書、DVD、地圖、展覽、活動、學校出版計劃、互動式媒體與商品來呈現世界。國家地理學會的會刊《國家地理》雜誌以英文及其他33種語言發行，每月有3,800萬讀者閱讀。國家地理頻道在 166 個國家以 34 種語言播放，有 3.2 億個家庭收看。國家地理學會資助超過 9,400 項科學研究、環境保護與探索計劃，並支持一項掃除「地理文盲」的計劃。

國家圖書館出版品預行編目（CIP）資料

前進火星：
尋找人類文明的下一個棲息地
巴茲・艾德林作；林雅玲翻譯
臺北市：大石國際文化，民 103.03
258 頁：14.2×21.5 公分
譯自：Mission to Mars: My Vision for Space Exploration.
ISBN 978-986-5918-47-7（平裝）.

Published by the National Geographic Society
1145 17th Street N.W., Washington, D.C. 20036

目錄

巴茲 · 艾德林與兒子安德魯，攝於 2012 年

序言

安德魯・奧德林
Andrew Aldrin

這本書本身就是一趟旅程，從我父親返回地球的那一刻開始。自那時起，他就一直在思考地球人如何移居另一個星球。在本書中，你會讀到他對於將人類的存在延續到火星上的願景。但我父親的願景所著重的，不只在於這個星球本身，也在於前往這個星球的途徑；他要談的不只是目的地，也是旅程。

我陪他走過了大半旅程，也還記得其中一些事。

我最早的回憶大概是坐在廚房餐桌，看著一架架美妙的太空飛機模型，那時我對於將成為下一代載人進入軌道的太空梭幾乎一無所知。關於早期太空梭設計系統配備的人員駕駛返航推進器，以及為什麼人員和貨物要分開，我們曾經慷慨激昂地討論過——其實比較像是我父親的長篇獨白。這大約就是我所有的回憶了，我那時才 11 歲，沒能貢獻什麼，除了願意傾聽。

這些就是我和父親討論太空旅行時，頭 20 年的對話模式：父親談論太空，我聆聽並學習。

有時談話會涉及我們這個時代的偉大思想家。當我父親想出一個概念，他會尋找當時最富有創意思維的人，然後打電話過去，他們通常都會接電話。有一次他嚴格審視太空站的設計，覺得結構方面似乎不夠有效率。我記得他當時很迷戀測地線結構，所以他很自然地打給建築師巴克明斯特 · 富勒（Buckminster Fuller），那一次他們的對話真是了不起。當時聽起來像是兩人在爭相發表內心獨白，不過後來我開始發現設計裡多了很多富勒的概念。

不過會吸引我父親注意的，不只是對方的名氣。

如果任何人的想法符合我父親對未來的願景，他就會去和他們交談。往往他會成為他們理念的積極倡導者。當時他正在建立一套系統架構，如果有人有適合放進這個結構的元素，他就想拿來用。

你在本書中會發現很多其他人的元素，不過整體的系統架構，從最廣的角度來看，確實是他自己創造的。

把所有元素結合在一起，可能這本書真正的價值。有數以百計、甚至數以千計的人，曾和我父親討論過、讀過他的文章、聽過他的演講、在電視上看過他。每個人都為我父親的完整願景貢獻了小片斷。有時這些片斷不可思議地看似毫不連貫，因為他要表達的內容實在太多了，而一場對話、講演或採訪的時間又太少。

但我記得一次與布蘭特・舍伍德（Brent Sherwood）的對談，他是確實看得到大局的太空建築師（現任職於NASA 的噴射推進實驗室）。我父親畫過一份關於人類如何從各個不同地點前往火星的圖解，但是畫得複雜難明。智力一般的人可能會不同意圖中的很多觀點。而且確實有很多人不同意。但後來舍伍德告訴我，儘管他對技術面的看法不同，但圖中的所有元素「構成了一個綿密的整體」。他接著說，巴茲可能是唯一一個掌握了這幅拼圖中的每一片的人。

在這本書裡，我父親首度嘗試將這幅拼圖完整地拼湊出來。

我父親花了大量時間和許多人談論太空，這本書是他這項慣例的延續。這些章節的基礎，是 40 多年來我父親出版的文章、訪談和演講。其中許多已由與我父親密切合作的人精心收集。我特別要提及克莉絲汀娜・科爾普（Christina Korp）和羅伯・瓦爾納斯（Rob Varnas）過去收集和整理大量我父親的作品。

但是，這本書真正中心思想，是我父親和我、以及李奧納德・大衛（Leonard David）三個人在 2012 年大半時間的一系列對談，成為這本書的主要內容。這些對談涵蓋範圍極為廣泛，充滿驚人的見解，歡樂、挫折、啟發的時刻，和無可救藥的混亂。李奧納德憑著無比毅力，將所有討論組織成完整又連貫的手稿，我父親對太空飛行最清晰且全面的記錄，我相信都在這裡了。

本書一開始簡短敘述了我父親搭乘空軍一號，參加歐巴馬總統唯一一次主要太空演說的情形。我父親那天不只是乘客而已，前一年，他馬不停蹄地工作，努力將太空探索計畫的概念精緻化、發表太空探索的演講、出席太空委員會和國會的聽證會。我最自豪的時刻，是看著他在登陸月球 40 週年時於史密森學會航空太空博物館的演講。他在這場演講中簡潔地陳述了他對人類未來太空發展和探索的願景。

這本書就是這個願景的延伸。

對我父親來說，太空探索從來就不單單是純粹的技術事業。阿波羅任務帶來的啟示非常多，但沒有一個像甘迺迪總統的演說那樣給他那麼強烈的印象，甘迺迪當時宣告了清晰而令人信服的太空探索目標，永遠地改變了人類歷史的進程。因此，我每一次和我父親討論有關人類未來探索的長期規畫時，免不了總會發現我們是在四年一次的總統選舉週期下討論太空問題。就像科技發展一定會進步一樣，在完善的政策分析支持下，我父親認為政治決策也一定會進步。

在第二章，他提出太空統一願景（Unified Space Vision），呼籲美國重新致力於取得太空的領導地位。為了支持這一點，他希望能成立一個永久性的、由專門委員所組成的非政府顧問團，他稱之為聯合策略性太空企業（United Strategic Space Enterprise）。

早在私人太空旅行開始流行以前，我父親就已不遺餘力地倡導這個觀念。主要是因為他認清了創造大量、永續的出航需求非常重要，因為這能降低單一飛行任務的成本；也因為他相信，提供參與的機會，是引發公眾對抱負遠大的太空計畫產生興趣的最佳方式。在第三章，你會讀到為何商業旅客航行應該採用可重複使用的「地球對軌道」交通系統。這一章的另個一主題是利用現有系統和基礎設施的重要性。

不論是要將現有的發射載具當作可重複使用的返航推進器，或是採取前蘇聯和美國的技術開發更小、更高效能的類太空梭載具，或者使用現有的發射載具，而非開發飛行率不高的新系統，我父親總是以現有的科技，作為發展革命性新系統的基礎。

第四章討論到重返月球。說起來可能有點奇怪，40 年來我和父親一直在討論太空，但我們談到月球的次數相對而言非常少。那是已經經歷過的事，談論月球似乎會偏離真正的目標：火星。然而過去幾年，月球又重新成為他思考時的關鍵元素。它成為從發展到探索這個轉折過程發生的地方。美國政策的焦點應該是在月球各地建立交通、基礎設施和居住系統，以及促成月球的商業和國際發展。而探索的重點應放在如何前往火星。

2008 年，我父親開始構思一個想法，利用近地小行星做為火星任務的前導任務，這是第五章的重點。我相信他不是第一個考慮這些任務的人，但是他首創將小行星任務與前面所說的月球策略結合，並以火衛一作為火星的前哨站，而創造出「彈性路徑」（Flexible Path）架構的基礎。這個策略後來被歐巴馬成立的奧古斯丁委員會（Augustine Committee）推薦，作為人類太空探索的一個可行的、漸進式的路徑。

彈性路徑的一項關鍵概念，是讓人類在登陸火星之前，先登陸（實際上是停靠）火星的兩顆衛星之一：火衛一。我必須承認一開始我搞不懂其中的邏輯。既然已經航行了 99.999% 的路程，卻不把任務完成？第六章就要說明停靠火衛一，讓太空人在遠端操控系統，以組裝人類居住火星所需的必要基礎建設，為什麼有助於人類在火星上建立一個較永久的生存環境。

我的父親一生做過很多事情。全世界都對他參與人類首度航行月球感到尊敬與景仰。但是就我所知，對他而言，創新的技術概念更重要：他發展出會合方法的主要元素，後來成為早期人類太空飛行任務成功的關鍵；以及採用水下練習作為革命性的艙外訓練，這些都是他對人類太空航行的重大貢獻。不過讓太空船在行星之間循環往返的想法，可能是我父親最引以為傲的一個。無論是地球和月球之間循環，或是更有技術挑戰的任務、也就是在地球和火星之間，我想我們已經持續討論循環太空船超過 20 年了。

在第七章，我父親討論我們如何創造永續的交通系統來運送人員、物資和裝備到火星，這是利用在地球和火星之間定期往返、行駛在固定航道上的大型母船。這個循環太空船系統將奠定人類永久居住火星的基礎。

超過 40 年的太空對談，我真的不記得有哪一次我父親提及他的月球之旅。當然有些相關的隻字片語，但我們總是在談論未來。作為一個文明主體，他更在乎我們走向何方，而非我們已經完成的那些。他在第八章討論並總結前往火星所需的準備。他的願景不只包含技術或策略因素，也牽涉到國家若決心重振人類太空探索和發展，背後所需要的政治社會力量。他將 2019 年，也就是他歷史性登月的 50 週年，視為屆時美國總統將許下承諾，要在火星建立人類永久居住地的那一年。

這就是本書要吹響的號角。

巴茲在月球上漫步，攝於 1969 年 7 月。

第一章

空軍一號的觀點

✪ ✪ ✪

幾位賓客和我受邀與美國總統巴拉克・歐巴馬一同參訪弗羅里達州麥里特島的甘迺迪太空中心，我們跨出總統專機空軍一號，那天是 2010 年 4 月 15 日。我心裡有數他會重新整頓美國太空計畫。

歐巴馬總統開始正式發表演說，非常客氣地提及了賓客群中的我。他說：「40 年前，巴茲就已經是傳奇人物。不過之後的 40 年，他也是美國在載人太空飛行方面最具遠見和權威的人士之一。」這段話真讓人飄飄然，不過我耐心等待他演講裡的關鍵內容。

「我明白有些人認為我們應該按照先前的計畫，先嘗試重返月球。」歐巴馬說，「但在此我必須直言……我們已經去過那裡，巴茲去過了。太空中還有更多地方等待探索，探索的同時還有很多事情要學。」

接著歐巴馬提出一系列愈來愈嚴苛的目標，將隨著我們技術能力前進的腳步，逐步加以實現。

「2020 年初，會先進行載人飛行測試，驗證未來要在近地軌道（low earth orbit）之外進行勘探所需的系統。預期到了 2025 年，我們會擁有專為長途太空旅行而設計的新太空船，得以展開史上第一次航向月球之外、深入太空的載人任務。因此，我們要開始了……我們將以首度送太空人上小行星作為開始。到了 2030 年代中期，我相信我們已經能把太空人送上繞行火星的軌道，並讓他們安全返回地球。接著就是登陸火星。我預期在我有生之年能見到它實現。」聽眾隨著他提出未來任務的願景，不時報以陣陣熱烈的掌聲。

歐巴馬正用行動否決前總統喬治・布希在 2004 年 1 月提出的太空計畫：太空探索願景計畫（Vision for Space Exploration）。布希的太空規畫鼓勵美國航空暨太空總署（NASA）統理「星座計畫」（Constellation Program），這個計畫涉及發展兩種推進器載具（booster vehicle）：戰神一號（Ares I）和戰神五號（Ares V）。戰神一號能將人員送進軌道，戰神五號的重吊發射器（heavy-lift launcher）則將其他硬體設備送到太空。除了這兩個推進器，星座計畫還預計建造一組太空船，包括獵戶座人員太空艙（Orion crew capsule）、離地節（Earth departure stage），和「牛郎星」月球登陸器（Altair lunar lander）。

由於先前的太空梭計畫於 2010 年劃下句點，布希的

2010 年 4 月，歐巴馬和巴茲一同出席在
佛羅里達州舉行的總統太空政策演說。

提案原本是要建立人類在月球的持久活動據點，並啟動「長期探索的永續方針」。

歐巴馬上台的時候，美國的民用太空計畫早已將目標訂在讓太空人於2020年前重返月球。同時，布希所提的計畫需要發展的技術，也將支持人類遠征火星的行動——那是我們在太空的最終目的地。

不過，我總是擔心布希的一個措辭——「一項」火星任務。我的看法是：只推動「一項」任務是上不了火星的。

從結果來看，布希提出太空探險願景計畫之後發生了兩件事。首先，布希未如他最初的承諾充分資助該計畫。因此，計畫中要發展的火箭和飛船進度年年落後。第二件事（也是最關鍵的），NASA基本上取消了開發先進太空系統所需要的技術發展工作。同樣糟糕的是，NASA為了想辦法維持這個當時名為「星座專案」（Project Constellation）的運作，使地球和太空科學的預算受到排擠。就連這些努力都未能達到目標。NASA為了集中焦點實現重返月球計畫，幾乎荒廢了所有載人到火星探索的準備工作。

一個太空專家小組在較早之前所做的研究，也支持歐巴馬撤銷布希的太空探險願景計畫，他們認為除非大幅增加經費，否則「星座計畫」不可能執行。領導該小組的諾姆・奧古斯丁（Norm Augustine）是我的朋友，曾任政府公職與洛克希德・馬丁公司的執行長。有關NASA應該建構怎樣的願景，奧古斯丁團隊廣泛聽取了太空科學界的建言與經驗（我也在 2009 年提出過）。最後，奧古斯丁領導的委員會認為布希的路線無法永續，歐巴馬也表示贊同。奧古斯丁和我都認為重點在於布希的願景是無法達成的，美國需要重新制定計畫。

其他可以考慮的方向顯然很多。當時我覺得選項之一是拓展太空梭航班，也許能發展出由太空梭衍生而來的技術能力。不過情勢很快變得明朗，擴大太空梭計畫在經濟上並不可行，於是現在美國的獨立太空探索行動出現了空窗期。

儘管有缺陷，我確實認為布希的太空探險願景是很好的概念。它脫離了太空梭和國際太空站的概念，回歸到探索本身，雖然我不是很欣賞由政府派太空人重返月球的想法。我也同意星座計畫需要重新進行多方面的評估。然而，歐巴馬終止星座計畫的動作，卻演變成建構太空發射系統（Space Launch System，和星座計畫裡被取消的戰神五號差別不大）和獵戶座太空艙（一架名字取得很不好的多用途人員載具）。怎麼會這樣？整體而言，這是政治和工業界只顧短期的既得利益的結果。我認為有些大型航太承包商在與 NASA 合作時非常不實在。

在我寫作的這一刻，NASA 的網站對星座計畫的說明只有一句編者按語：「NASA 不再執行星座計畫，本網頁關於計畫的資訊僅作為史料之用。」

那麼就讓它成為歷史文物吧。但是首先，我想簡單地談談自己從過去至今的太空旅程歷史。

超越界限

我親身體驗到，在最有成就感的時刻來臨之前，往往要先經歷許多挑戰。這麼多世紀以來，從哥白尼、伽利略到哥倫布，這些超越界限的偉大人物已經讓我們看見很多明顯的例子。到了 20 世紀，1903 年一個吹著海風的早晨，萊特兄弟在北卡羅來納州的小鷹鎮（Kitty Hawk）首次實現動力飛行。同年，我的母親瑪麗安 · 慕恩（Marion Moon）出生。

我的父親愛德溫 · 尤金 · 艾德林（Edwin Eugene Aldrin）是一位工程師與航空先驅，也是查爾斯 · 林白（Charles Lindbergh）和奧維爾 · 萊特（Orville Wright）的朋友。我父親在標準石油公司工作，會駕著自己的飛機在美國東西岸之間飛行。他後來在第二次世界大戰中於美國陸軍航空隊服役，極少返家。

我出生於 1930 年，在新澤西州蒙特克來長大並讀完高中，整個家都跟航空有關。我才兩歲的時候，父親就帶我完成了我人生的首度飛行，我們兩個從紐瓦克一路飛到邁阿密去探訪親戚。我姑姑是東方航空公司（Eastern Airline）的空服員。我乘坐的那架洛克希德 · 維加（Lockheed Vega）單引擎飛機部分漆成了紅色，像一隻老鷹。當時還是小孩的我，怎麼可能想像得到數十年後，自己會坐上另一種完全不一樣的飛行器：阿波羅 11 號的登陸艇「老鷹號」，前往月球的寧靜海？

我會進入航空領域並接受高等教育，是受到我父親

艾德林家的每個人都在賀年卡上簽名，
包括小名為「Buzzer」的巴茲。

的影響，他曾就讀麻州烏斯特市的克拉克大學，他的物理學教授是被譽為液體燃料火箭之父的羅伯特・哥達德（Robert Goddard）。

高中畢業後，我進入西點軍校就讀，對西點的校訓：「責任、榮譽、國家」一直謹記在心，成了我的座右銘，至今仍深深影響我。在航空環境的耳濡目染之下，軍校畢業後我加入美國空軍。完成戰鬥機飛行員訓練之後，我駐紮韓國，駕駛 F-86 軍刀式戰鬥機執行了 66 次作戰任務，擊落過兩架敵方的米格 -15 戰鬥機。

韓戰後我派駐德國執行警戒任務，負責駕駛運載核子武器的 F-100 戰鬥機。1950 年代晚期，美國和當時的蘇

巴茲在韓國登上 F － 86 軍刀戰鬥機，約攝於 1952 年。

聯之間的冷戰不斷加劇，情勢非常緊張。駐紮德國期間，我獲知蘇聯實現了一項驚人的科技壯舉：他們在 1957 年 10 月發射全世界第一顆人造衛星「史波尼克」（Sputnik），這是一顆重 84 公斤的球體。在冷戰的背景下，隨著美國意識到史波尼克衛星所代表的意義，政府和公眾的反應促使太空時代登場。這顆人造衛星成為太空競賽的起步槍，隔年美國就成立了 NASA。

蘇聯在 1961 年 4 月 12 日又取得另一項勝利，他們以東方 1 號太空船（Vostok 1）將太空人尤利 · 加蓋林（Yuri Gagarin）送入地球軌道，成為第一位進入地球軌道的人類。加蓋林這次任務持續了 108 分鐘，為了互別苗頭，NASA 的水星計畫在幾個星期後的 5 月 5 日，將美國第一位太空人艾倫 · 薛帕德（Alan Shepard）送到地球次軌道上停留 15 分鐘，已碰觸到太空邊界。

薛帕德完成任務後僅過了 20 天，當時的總統約翰 · 甘迺迪大膽宣告，美國要在 1960 年代結束前把人類送上月球。此時的 NASA 才剛成立，大部分的主事者都認為這是不可能的任務，因為必要技術都還沒發展出來，而美國的太空飛行經驗只有 15 分鐘多一點。

不過美國擁有的，是一位有眼光、有決心和對實現這個目標充滿信心的總統。甘迺迪公開陳述我們的目標，提出一個非常清楚的成果時間表，不留任何退路。這件事我們非做不可，頂多就是失敗……而沒有人想要失敗。就連在當時，失敗都是不被接受的。

甘迺迪 1962 年 9 月 12 日在萊斯大學的演講，更進一步強力宣示他大膽的目標。這次影響深遠的演講包含了這句名言：「我們選擇在十年內登陸月球並完成其他任務，不是因為這件事很容易，而是因為很困難。」這個說法即使在今天聽起來，依然饒富深意。

有鑑於今天我們所面臨的技術挑戰，甘迺迪 50 多年前那一席鼓舞人心的話依然值得我們回顧。

其中有一段是這麼說的：

> 「我們必須把一個超過 300 英尺長的巨大火箭，送上距離休士頓控制站 24 萬英里的月球上……〔火箭〕是用新的合金製作，其中有些合金尚未開發出來，能忍受比過去高好幾倍的熱度和壓力，而且組裝上的精度比最高品質的手表還要高。火箭裝載了推進、引導、控制、通訊、食物和生存所需的設備，前往一個未知的星體，執行一個不曾做過的任務，然後以超過 2 萬 5000 英里的時速再次進入大氣層，所產生的高溫大約是太陽溫度的一半，最後安全返回地球……而且我們是要在這十年內、不出差錯地、率先做到這一切——所以我們必須大膽。」

與命運有約

既然太空是我們下一個探索的疆域，我也要參與。完成在

The Huntsville Times

VOL. 51, NO. 21 | CHICAGO DAILY NEWS SERVICE | HUNTSVILLE, ALABAMA, WEDNESDAY, APR. 12, 1961 | ASSOCIATED PRESS — WIREPHOTO | 45c PER WEEK

Man Enters Space

'So Close, Yet So Far,' Sighs Cape

U.S. Had Hoped For Own Launch

CAPE CANAVERAL, Fla. (AP) — The Redstone rocket which the United States had hoped would boost the first man into space stands on a launching pad here. The Soviet Union beat its firing date by at least two weeks.

"So close, yet so far," commented a technician who is helping groom the Redstone to send one of America's astronauts on a short sub-orbital flight, hopefully late this month or early in May.

"If we hadn't had those troubles last fall and on the chimp and Little Joe shots this year, we might have made it," the technician said.

"But you have to give the Russian scientists credit. They've accomplished a remarkable breakthrough."

Dr. Hugh Dryden, deputy director of the National Aeronautics ...

Hobbs Admits 1944 Slaying

By BOB WARD
Of The Times Staff

Soviet Officer Orbits Globe In 5-Ton Ship

Maximum Height Reached Reported As 188 Miles

MOSCOW (AP)—A Soviet astronaut has orbited the globe for more than an hour and returned safely to receive the plaudits of scientists and political leaders alike. Soviet announcement of the feat brought praise from President Kennedy and U. S. space experts left behind in the contest to put the first man into successful space flight.

By the Soviet account, Maj. Yuri Alekseyvich Gargarin, rode a five-ton spaceship once around the earth in an orbit taking an hour and 20 minutes. He was in the air a total of an hour and 48 minutes.

The whole sequence of events and the announcements relating to it raised a number of questions. The Soviet announcement said the flight took place today between 9:07 and 10:55 a.m., but some persons in Moscow's Western colony were skeptical that the feat actually came off today.

This is Russian Maj. Yuri Gagarin, history's first man in space. The Russians today rocketed him around the earth in an orbit taking slightly less than 90 minutes and brought him back safely to a prearranged spot in the Soviet Union. (AP Wirephoto via radio from Moscow)

Praise Is Heaped On Major Gagarin

First Man To Enter Space Is 27, Married, Father Of Two

LONDON (AP)—Moscow television presented a picture of the Soviet Union's first space man today, describing him as a man with "a good honest smile."

The portrait of Maj. Yuri A. Gagarin was shown and then came this broadcast comment, repeated by Moscow radio:

"For those who did not see this picture we should like to give a description of this splendid man.

"On the screen appears the image of a man aged about 25-27 with a kind, Russian face, eyes set well apart, fine bushy brows and high forehead.

"He wears a flying helmet, a light overall suit. He smiles a good, honest smile. And is there any need to add that this man who has been the first to dare to fly in space, to reach for the stars, to look down on our earth, is a man of a very great and very real character. This is evident in his smile, in the intelligent ...

'Worker' Stands By Story

LONDON (AP) — The Daily Worker, Communist party paper in Britain, said today it is standing by its story that the Soviet Union launched a man into space last Friday.

* * *

A spokesman for the editor said: "Our story came from good sources. All we know is what we published today. Now of course there is this one."

By "this one," he referred to the Moscow announcement that ...

Reds Deny Spacemen Have Died

By THE ASSOCIATED PRESS

VON BRAUN'S REACTION:

'To Keep Up, U. S. A. Must Run Like Hell'

WERNHER VON BRAUN
He Praises A Russian Achievement

By BILL AUSTIN
Of The Times Staff

A disappointed Dr. Wernher von Braun, arriving in Huntsville today, called Russia's space flight a tremendous thing and labeled it the "shot heard around the world."

"I'm disappointed because here again we came in in second place," he declared.

Von Braun arrived at the Huntsville airport from Grove City, Pa., where he had addressed a college group yesterday.

He said we had hoped all along the United States would be able to place an astronaut up first, but he said Russia has an excellent space program and they demonstrated it by this flight.

"We are going to have to run like hell to catch up," he asserted.

He also said he was convinced this was Russia's first attempt to put a man in orbit, but he did not ...

Turn to Page 2, Column 7

No Astronaut Signal Received At Ft. Monmouth

FT. MONMOUTH, N.J. (AP)—The Adra Observation Center did not receive any radio signals from the Soviet satellite containing the first space navigator, a spokesman said today.

The center, operated by the U.S. Army Signal Engineering Laboratories, attempted to monitor radio transmissions from the space ship. Officials said the So- ...

Reds Win Running Lead In Race To Control Space

Today's Chuckle

蘇聯的尤利 · 加蓋林登上頭條新聞。

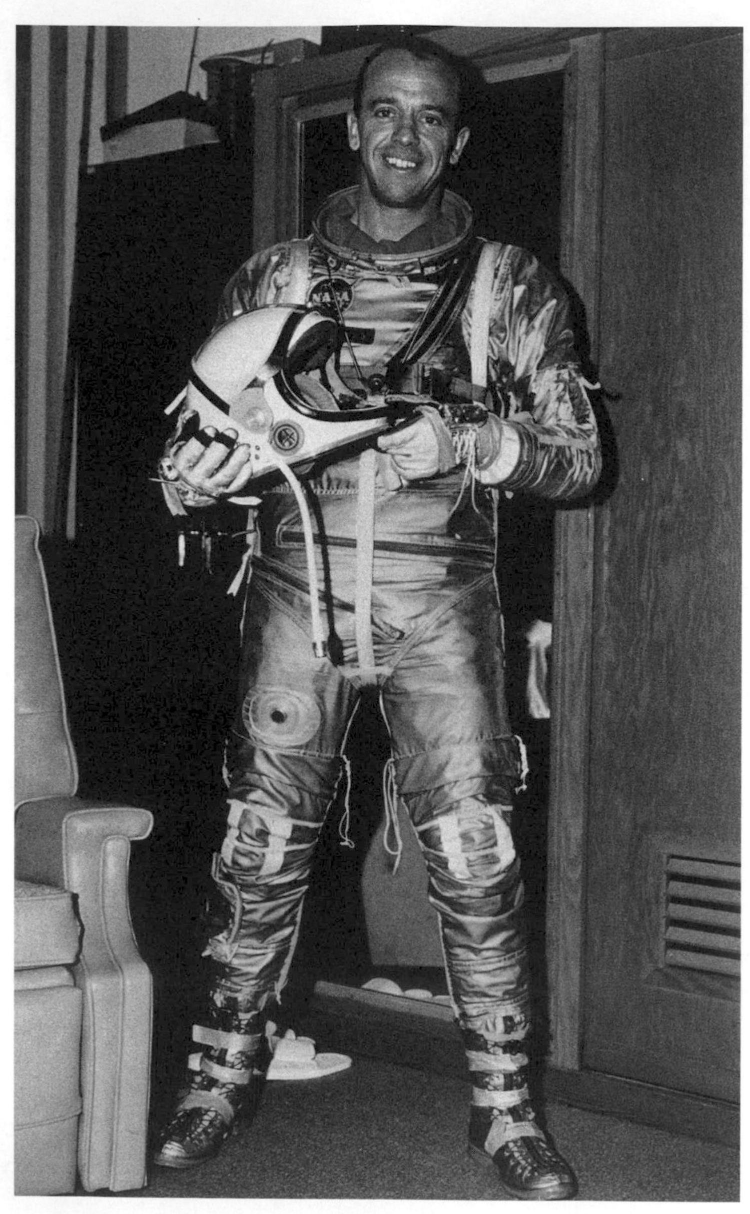

第一個進入太空的美國人艾倫 · 薛帕德，1961 年 5 月。

德國的勤務後，我決定重拾學業，在麻省理工學院（MIT）獲得航太博士學位（我父親也曾就讀MIT）。我的博士論文是〈載人任務的軌道會合導引技巧〉（Guidance for Manned Orbital Rendezvous），我利用擔任戰鬥機飛行員時攔截敵機的經驗，發展出一套讓兩艘載人太空船在太空會合的技術。我把定稿的論文題獻給美國太空人。

我第一次填表申請加入 NASA 太空人時被拒絕了，因為我不是試飛員。但我決心以太空人作為我的畢生職志，所以再次提出申請。這一次，由於我的噴射戰鬥機飛行經驗，加上 NASA 對我的太空船會合概念感興趣，最終我在 1963 年 10 月獲選為第三組太空人。我成為太空人同儕口中的「會合博士」。

為了回應甘迺迪總統在 1960 年代結束前要讓人類登上月球的目標，關於我們如何抵達月球並返回地球，各方討論了許多方案。受尊敬的美國太空計畫主持人沃納・馮布朗（Wernher von Braun）主張結合巨大火箭和多用途太空船，直接飛到月球並返回地球，不過一名極有天賦的 NASA 工程師約翰・侯伯特（John Houbolt）的想法比馮布朗更出色。

侯伯特支持月球軌道會合方案，這個方案並非採用多用途載人太空船的架構，而是利用分節的方式實現登月壯舉。最終阿波羅的登月做法定案時，就採用了分節計畫：將阿波羅的指揮艙和服務艙分成兩個獨立單位，並將登月艙分割為上升節（ascent stage）和下降節（descent stage）。

因為我在 MIT 做過軌道會合研究，侯伯特的整體規畫對我是一大加分。這個做法最關鍵的地方在於，能否讓兩艘太空船在月球軌道上會合，這是非常危險的飛航動作。因為如果會合失敗，太空人是救不回來的。我在 MIT 專攻的項目正好符合需求。

在此我必須為中間加進來的雙子星計畫做點註解。這是一項非常重要的中繼計畫，銜接了單人的水星計畫和三人的阿波羅計畫，主要目的是測試設備、在地球軌道上試運轉會合和對接動作，以及為未來的阿波羅登月任務培訓太空人和地面人員。

1966 年 11 月 11 日，我和飛航指揮官詹姆斯 ‧ 洛弗爾（James Lovell）一起駕駛雙子星 12 號，這是我的第一次太空飛行。這趟將近四天的飛行，為進行了十次載人試飛任務的雙子星計畫劃下成功的句點。這一趟我刷新了太空漫步紀錄：在艙外待了五個半小時。不過坦白說，除了這一點，我們完全沒有達成原本透過雙子星計畫想要證明太空人能夠輕鬆、有效地在艙外工作的目的。我們利用拋物線飛行的飛機創造微重力環境進行訓練，但完全無法解決雙子星計畫的太空漫步問題。後來藉由我所引進的水下訓練法，使用特殊的浮力設施，此後在地球上模擬艙外活動（EVA）才有了固定作法。多虧了水下訓練，配合適當的束具，我才能成功創下艙外活動的紀錄，而不在太空衣上增加太多負擔。

巴茲首創在水下模擬太空的失重狀態，訓練太空人。

我繫在雙子星 12 號艙外進行太空漫步的時候，要拍攝星場、取回一個微隕石收集器，還有其他工作。但也會有一些輕鬆時刻。一進入軌道，我迫不及待從我的隨身用具組中拿出一把小計算尺，讓它在我面前漂浮。當時我有抽煙，所以帶了煙斗，也拿出來銜在嘴裡（當然沒有點燃），洛弗爾拍下了這個有趣的畫面。

雙子星 12 號返回地球後，所有的太空人，以及 NASA 本身，都極為明確地意識到一件事：要達成甘迺迪讓人類在 60 年代結束前登陸月球的挑戰，只剩下三年了。

不錯，雙子星計畫是阿波羅登月計畫前的準備工作，但我們還有其他重要的工作要做。

執行登月計畫的是一個總數 40 萬人的團隊，為了共同的夢想而奮鬥。NASA 的管理者、工程師，與設計和建構多節推進器土星五號（Saturn V）的技術人員，與業界承包商並肩合作。這是連成一體的組織，是創新、努力和團隊精神的結合，這股勢不可擋的力量能將長久的夢想變

巴茲在雙子星 12 號艙外漫步，攝於 1966 年 11 月。

成事實。

在甘迺迪總統把這項不可能的任務交付給我們奮鬥了八年之後，尼爾 · 阿姆斯壯（Neil Armstrong）和我終於走在陽光普照的月球表面上，全世界將近 10 億人觀看或收聽我們在這片壯麗的荒蕪之地上探險的實況。當時麥克 · 柯林斯繞行在我們上方的軌道，雖然從來沒有人比我們三個離地球更遠過，我們卻感到與家鄉緊緊相繫。

但是，有一句老話是這麼說的：「那是以前，現在是現在。」

合作

我們現在應該追求什麼……又是為了什麼？太空領導地位、科技發展、公部門與私部門的合作、對自由市場的了解，和傑出的國家安全……作為一個國家，這些屬性依然是我們最重要的特質（或者應該如此）。

從我跨出掛載核子武器的超音速 F-100 戰鬥機駕駛艙，進入 MIT 成為理論專家，然後又成為太空旅行者，已經好幾十年過去了。近年來，我致力於（這確實是我的熱情所在）打造美國未來在太空領域扮演的角色，根據兩個指導原則：

- 持續擴大人類在太空的存在
- 成為全球太空領域的領導者

巴茲和洛弗爾完成雙子星 12 號任務歸來。

再來一次登月競賽是行不通的，浪費寶貴的資源，就算拿到獎盃，既沒有國家榮耀可言，從商業或科學角度來看對美國也沒有獨特的回報。我們要如何結合民間或國際的努力再次登上月球？讓我再次強調，這肯定不是競賽。我們已經做過了，再發動一次同樣的引擎，只是重新跑一次我們已經贏過的比賽。那樣的比賽我們不要再參加，不要再派 NASA 的太空人上月球，他們有其他地方可去。

更好的方案是與想上月球的國際夥伴合作，我們提供協助——並建立某種形式的月球經濟發展局（Lunar Economic Development Authority），主要概念是分攤成本，也分享財富。簡言之，我們有能力展現大方。美國是第一個踏上月球的國家，現在我們可以讓全人類都跨出這第一步。

那麼，我們怎麼促成這種企業，同時能像阿波羅計畫之於美國一樣，既負擔的起又令人滿意？

首先，我們讓合作夥伴（例如中國和印度）加入國際太空站這個大家庭。這樣做風險很低，而且對形成政治與合作陣線很有價值。第二，我鼓勵合作計畫，例如利用中國神舟載人太空船分擔我們在近地軌道的負擔。有何不可，如果我們可以利用俄羅斯的太空船，為什麼不能也利用中國的太空船？

要讓太空發展更普遍、對所有國家更有價值，並讓更多國家參與，我們還能怎麼做呢？一方面，我們可以提供私部門誘因（而非由納稅人支持的公部門），讓他們成為近地軌道的主要承租者。

目前有個重要的步驟正在進行中。歐巴馬政府已將發展美國商業載人太空運輸的能力定為優先事項，目標是實現與國際太空站和近地軌道之間安全、可靠、具成本效益的通行途徑。為了達成這個目標，NASA 已發包給多家民間企業。

2012 年，NASA 宣布已提出對波音飛機公司、太空 X（SpaceX）和內華達山脈集團的發包案，總值高達 11 億美元，最後的合約將由這幾家公司競標。等到能力成熟之後，預計將為政府和其他客戶提供服務。NASA 在 2020 年以前，就可能採用外包的商業服務，以滿足太空站的人員運輸需求。

不過我不太滿意的是，這些公司全都選擇建造太空艙，除了內華達山脈集團的追夢者號（Dream Chaser）以外，它是利用軌道與次軌道垂直起飛、水平降落，採用升力體構造的載人太空飛機。我非常支持政府投資層級更高的科技，而不要是那些從太空歷史書上照抄下來的東西，怎麼看都像是 1960 年代阿波羅計畫用的太空艙。

追夢者號的設計是根據 NASA 先前花費多年所開發的 HL-20 飛行器設計的，它能運載 2 到 7 名太空人與貨物抵達目標軌道，例如國際太空站。追夢者藉由亞特拉斯五號（Atlas V）火箭的推力垂直升空，返航時水平降落在傳統跑道上。理想的情況是，我希望看到世界各國都使用追夢者號，這對日本、歐洲太空總署和印度太空研究組織（Indian Space Research Organization）都有好處。

為什麼還沒有人建造出可重複使用的推進器？ NASA 還沒做出來是因為目前出勤率還不夠高。現已捨棄的太空梭計畫，有一部分就採用了可重複使用的部件，原本的用意是要作為美國太空計畫的主力機種，降低成本，並讓太空飛行成為常態。當然了，這些目標已經證明是天方夜譚。

回顧我的生涯，我在與太空計畫的未來有關的事情上所犯過的最大錯誤，發生在 1970 年代早期。當時我應該極力爭取採用兩節式、可全部重複使用的系統。但美國沒有這樣做，於是我們建造了太空梭。這樣的決定未來我們還會一次又一次遇到，與美國未來的太空領導地位如影隨

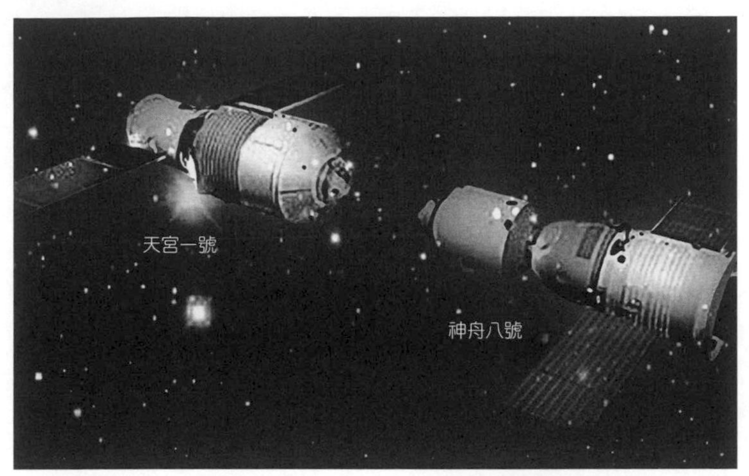

中國的天宮一號太空實驗艙（圖左）和神舟八號太空船

形。

採用太空梭是一個錯誤的判斷，它將太空人和貨物擺在一起，這是根本性的失誤。由於這個折衷的設計，人員必須和貨物一起飛，代表兩者的安全標準也要綁在一起，非必要地提高了上太空的成本。

我相信我們當初要是開始發展兩節式、全部可重複使用的推進器，就會放棄太空梭，最後會把船員和貨物分開，而不是擺在一起。還有，老實說我並不贊成人類駕駛大型的固態燃料火箭發動機，這項科技早已入土為安，卻不斷被人重新拿出來談。

目前商業發射公司都還沒提到可重複使用的發射器，因為——在短期效益上——直接把火箭丟掉比較便宜。

我想提出的首要指導方針之一，是要讓人類進入這樣一個新時代：上太空成為一件負擔得起的事。在 1990 年代晚期，我集結了一批經驗豐富的火箭工程師和航太企業家，組成火箭設計公司「星際飛船推進器」（Starcraft Boosters Inc.）。多年來，我特別重視生意夥伴休伯特・戴維斯（Hubert Davis）給我的建議，他是這個公司的首席工程師，也是前 NASA 工程師，曾經在太空運輸系統的界定工作上處理過不少棘手的案子。我很自豪我們握有一項在 2003 年取得的美國專利：附可拆除火箭推進模組的返航推進器（Flyback Booster With Removable Rocket Propulsion Module）。

我們公司的共同目標是專注開發下一代的太空發射系統，能夠降低發射成本，並奠基於現有和新興的科技。

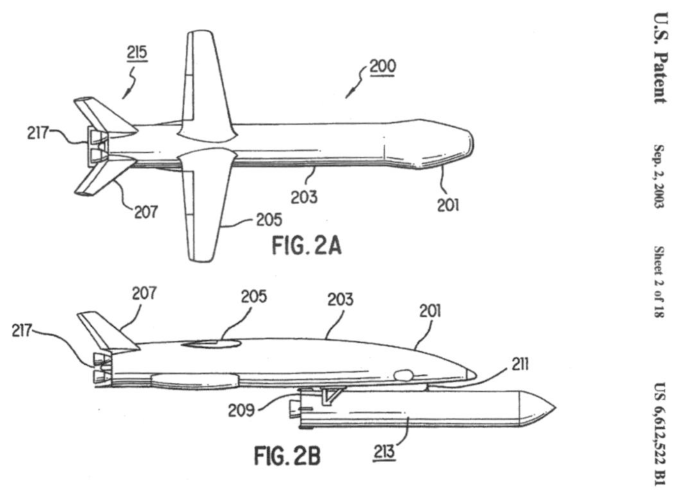

艾德林／戴維斯返航推進器設計的專利圖

星際飛船推進器公司團隊的第一個創舉，是發展「StarBooster」，這是一系列可重複使用的返航火箭推進器。StarBooster 屬於垂直發射、兩節入軌系統，這項設計本質上是用一個中空的飛機式機身結構，內部安裝一具火箭推進器模組——類似以液態燃料驅動的亞特拉斯五號、三角洲四號或俄羅斯天頂火箭——用以發射酬載艙。

在某種意義上，StarBooster 是特別為了使用可更換的液態燃料匣而設計，就像現代的鋼筆。我們所需要做的只是建造一副鋁質外殼，讓它能夠自己飛回來。

我們的目標是開發可重複使用的太空運輸系統，能將太空人員送入地球軌道、協助發動重返月球的任務，並逐步發展成可搭乘 100 名旅客的商業太空飛行班機。整體來說，StarBooster 系列值得重新考慮作為下一代飛行器、取代目前 NASA 使用的消耗式發射載具的可行性。當然，這只是一個未來的理念，我希望隨著太空運輸的演變，會出現更多其他想法。進入軌道最佳而便宜的方式，是發展可重複使用的兩節系統。

我一直希望類似 StarBooster 這樣的火箭能證明它在中小酬載量市場的強大競爭力，這將說服 NASA、美國國防部和私人企業，可重複使用的推進器是筆好生意。兩節式太空飛機能採用航空公司的運作模式，非常可靠，且周轉快速，能負荷龐大的載客量。

未來焦點

NASA 和美國企業伙伴合作發展商用太空飛行能力，同時也鉅額投資洛克希德・馬丁航太公司建造獵戶座太空船，它雖然標榜為可重複使用的多用途太空船，但事實並非如此。除非花更多心力在這方面，不然最終新的太空船每次飛行的花費可能比之前的還要貴，而且每飛一次要丟棄一半的零件。我們該向商業班機學學，從過去拋棄式紙杯的模式提升上來。我們必須擷取過去的有用概念，用新的眼光來執行，例如真正落實重複使用。

我們應該將努力重新導向，變得既有野心又有效率，為長期太空探索計畫測試可重複使用的模式，屆時我們就能重新調整獵戶座多功能人員載具的開發方向，使之成為可行且永續的深太空運輸機。直接從月球飛到火星的任一顆衛星的成本效益，遠大於每一次都重回地球，然後再度使用一次性的太空船，奮力對抗地心引力離開地球。

舉例來說，加強版的獵戶座載人太空船 Block 2，可作為在地球或火星上測試大氣俘獲（aerocapture）技術的人員載具。大氣俘獲是「剎車」的精密控制技巧，利用星體的大氣牽曳力道來減速。這種在節省燃料上的進展，有賴太空船具有充足的熱防護，以及在降落過程中能夠精確地自我引導。在月球和近地軌道之間進行早期測試，獵戶座應該可以成為最早實行大氣俘獲技術的太空船，這是我們前往火星所需的先導步驟。

在這麼多技術中，還有一個因素可能讓我們得以離開近地軌道。要完成長期維生設備的研發，國際太空站是不可或缺的試驗平台。這個在軌道上繞行的前哨站也是用來發展特殊星際探測艙原型機的地方，這部探測艙可改裝成太空站人員的安身之所。此外，特殊的星際載人「計程船」也可在太空站進行評估。無論是探測艙還是計程船，都必須有能力在火星或地球的大氣層進行大氣俘獲。我們在測試和使用這些元素的同時，也是在培養脫離近地軌道的技術熟練度。

要經常性離開地球，我的設想是建立長途運輸系統，利用深太空巡航船，除了在地球和月球之間來回載運遊客，並持續在火星和地球之間運送探險家和殖民者。要穿越廣大、近乎真空的太空運送人員和貨物，利用可完全重複使用的月球和星際交通系統是最佳方式。

這個可重複使用的系統，我稱之為「循環太空船」，

飛行器利用大氣俘獲進入火星的想像圖

首先應該在地球和月球之間啟用，然後擴大到地球和火星之間。就像遠洋客輪一樣，循環太空船會沿著預定路徑航行，在內太陽系將人員、設備和其他物資持續不斷地送進、送出地球。一個「全循環網絡」必須循序架構起來，並與月球和火星活動的成熟過程銜接。我把地球、月球和火星視為天體世界的鐵三角，它們將成為穿越內太陽系的人流、物流和貿易的繁忙樞紐。

那麼，什麼是（或者說應該是）美國太空計畫的下一個目標？

從科學的、科技進展的、意義性的和政治上鼓舞人心的觀點來看，我個人認為，應該是火星，不過要先以繞行

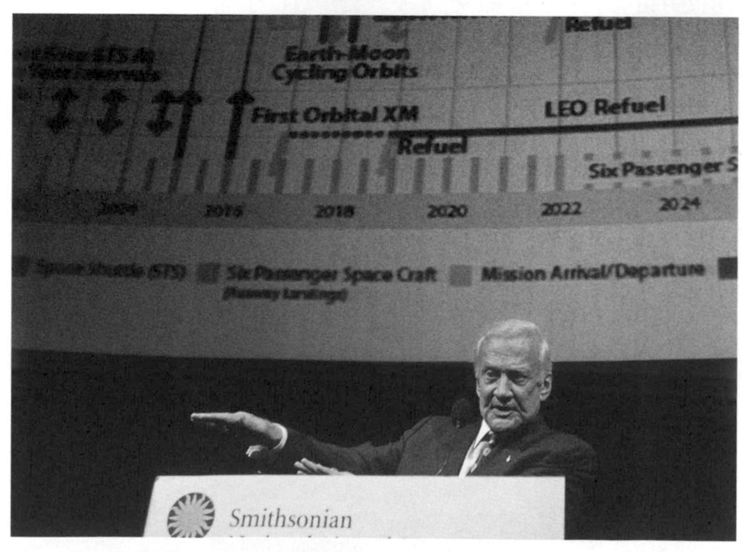

巴茲在慶祝阿波羅 11 號登月 40 週年之際，
提出他的「太空統一願景」。

火星的兩顆衛星之一為踏板。

我們可以再一次敢於作夢，再一次領導世界。讓我們要求 NASA、要求白宮，把思考格局放大，也要求我們自己超越當下，以能喚起熱情的方式再次啟發整個國家；我們已經到了準備好接受真正的啟發、挑戰、領導力和成就的時刻。我以三個最重要的指標，檢驗我們國家未來太空發展，那就是時效性、可負擔性和普及性。

阿波羅 11 號，象徵了美國在構思真正具開創性的想法、排定優先次序、建立可推動概念的科技，與實際執行面上所具備的能力。阿波羅計畫我們真的做對了。如果我們想重溫伴隨阿波羅計畫的深刻參與感，我們需要對人類太空探索做出像甘迺迪那樣的承諾，而且必須以在太空建立永久且有效益的存在為前提。

我在全世界的旅程中觀察到一個有趣的現象，那就是非美國人比起我們自己國家的人，更讚賞美國在太空發展上的領導地位——雖然諷刺，但可以理解。我參加太空國家人士的聚會，以及太空探索者協會（Association of Space Explorers，唯一的太空人專業聯盟）的會議，都發現如此。凡是曾搭乘太空船進入地球軌道的個人，不論國籍，都可申請成為太空探索者協會的會員。

美國要憑著前往火星的方法與企圖，同時幫助其他國家前往我們已經去過的地方，再一次投入一項意義重大、放眼未來的太空探索計畫。

我們出發吧……捲起我們的袖子，往前進！

概念場景：月球登陸器離開地球和月球之間的閘門站，
是太空探索技術的下一步。

第二章

決策時刻：設定太空統一願景

☆ ☆ ☆

美國太空探索的未來令人感到憂心。由於預算吃緊，以及美國國會變幻莫測的支持度，人類與近地軌道以外的目的地之間的距離，似乎比實際的里程還要遙遠。在國際方面，美國的太空領導地位可以說是開放競爭了。俄羅斯正在重新制定太空進度表，大肆宣揚要建立自己的月球基地。中國早就啟動載人太空飛行計畫，有系統地往獨立太空站的建造計畫與利用機器人探測月球的方向發展，似乎堅決要在月球表面上留下許多中國太空人的足跡。

美國太空發展的路線有一段時間非常直接與實際，沒有人質疑方向的問題。要飛越近地軌道，需要一套漸進式的任務，這是奠定太空統一願景（Unified Space Vision）的最重要基礎。我們現在就必須投入，堅守一套一貫的做法開始執行太空計畫的相關活動。

現在就跟著我一起想像這趟旅吧。

旅程從地球軌道開始，此時美國的太空企業主已經開放讓數百位公民參與日益蓬勃的太空旅遊業務。這些太空探險者搭乘可重複使用的新型太空船進入太空，這種太空船能在跑道上降落，還能執行多種任務。

同時，早期的 Block 1 探索艙則往返於地球和月球，以及地球和火星之間。

我們飛過彗星並攔截威脅地球的小行星。從我們的太空船往外看，會看見一顆古老的彗星稀疏的尾巴；彗星是充滿塵埃、石頭和氣體的「髒雪球」，這是太陽系數十億年前形成時的遺留物。

我們掃視小行星的表面，採集上面的岩質土壤樣品，探究太陽系早期的性質，並研究生命之所以出現在地球上的基本建構要素。

一步一步地，就像水星計畫和雙子星計畫成就了阿波羅計畫一樣，我們更深入太空，降落在火星的內側衛星「火衛一」（Phobos），這些全都是人類準備初次降落在這顆紅色行星前的序曲！

我的太空統一願景是一個藍圖，旨在維持美國在太空探索和人類太空飛行的領導地位。讓我說得更清楚一點。我認為「探索」這個詞本身無法完整說明未來的願景。我和奧古斯丁委員會在 2009 年一同探討時，我提出了太空統一願景的大綱，它匯集了五個項目：探索、科學、開發、商業與保安，其中的保安包括一般防禦，以及保護地球免於近地天體威脅的行星防禦。

中國不諱言以登陸月球為目標，而我們必須避開與之進行會造成不良後果的太空競賽。陷入這種競賽會讓我們離以下這個更遠大的目標和目的地愈來愈遠：，在美國的領導下，人類到了 2035 年要能在火星上永久生存。我的統一太空願景對未來的規畫是，要求大約以每兩年為單位，完成一連串漸進式的任務，以建立一條路徑。這些大膽的探索旅程需要決心、支持和政治意願，就像我們 40 年前登月時一樣。只要有願景，我們可以在 20 年內沿著這條路徑登陸火星。

當初我和阿姆斯壯在黑暗的太空中飛行了 40 萬公里，降落在寧靜海基地，如果我們現在堅持走這條路，就可以在 2035 年，也就是登月的 66 年後，旅行 3.2 億公里到達火星。這將是歷史的里程碑，因為阿波羅 11 號登陸月球，就在萊特兄弟首次飛行的短短 66 年後。

但要實現人類的火星夢想，我們需要一個統一的願景，我們必須專注在同一條路徑上，保持警醒地盯著這個獎品。

幾年前，NASA 被放到了技術軌道上，任務是重啟月球探索，複製約 40 年前阿波羅 11 號已經做過的事，儘管是以更複雜的方式。這個陰魂不散的兩難局面源於當初稱為「太空探索願景」的計畫，本來只是用來填補 2010 年退役的太空梭計畫，和 2015 年登場的戰神一號火箭和新的獵戶座太空船計畫之間，產生的五年缺口。

在這段空窗期，美國決定付錢給俄羅斯，讓我們的太空人能順道搭乘他們的聯合號火箭，前往國際太空站這個我們投資了 1000 億美元建造的設備。這是很大一筆交易，而且美國被占了不少便宜。

我的太空統一願景，是一個可以確保美國在 21 世紀在太空領域取得領導地位的計畫。它不需從頭建造新的火箭（這是 NASA 目前的計畫），而且它能最大程度利用我們現有的能力。

太空統一願景是合理且負擔得起的計畫，它採行的方案是利用可靠的三角洲四號（Delta IV）大載重發射器推進下一代的獵戶座太空船，以取代陷入困境的戰神一號火箭，填補計畫空窗。這將賦予 NASA 當年水星計畫、雙子座計畫和阿波羅計畫等經典任務所具備的連續性和靈活性。

太空統一願景計畫反對美國與中國進行（再一次的）登月競賽。相反地，它鼓勵美國發起月球聯盟，和國際合作夥伴（主要是中國、歐洲、俄羅斯、印度和日本）共同擔負起人類重返月球所需的太空規畫、技術開發和資金募集的大部分工作。

同時，美國將發展新的策略、新的發射載具和新的太空船，這是為了在 2015 年之後，通過漸進的任務，從彗星、小行星和火衛一，一路抵達火星的門檻。

艾德林的火星來回班機

作為一個有能力探索太空的國家，美國能否到達火星，可用來測試我們的太空體質是否健康。如果我們恢復阿波羅式的、在飛行中沿途丟棄組件的模組太空船，是不可能定期在地球和火星的遙遠沙丘之間旅行的。

回到 1980 年代初期，當時我開始思考將我的軌道會合技術專長，應用於可在地球和月球之間持續往返運行的月球太空船系統。這個系統的關鍵概念是利用地球和月球的相對引力來維持飛行軌道，因此只需要花費很少的燃料。不過其中有一個問題，使用這種方法需要較長的時間才能到達，對於這種只要四天的短距離飛行，使用循環軌道的好處不夠充分。

我的好朋友、前 NASA 署長湯姆・潘恩（Tom Paine）在任內執行過多次阿波羅計畫的遠征任務，包括我那一次，就是他督促我將循環軌道的概念應用在支持人類登陸火星這個複雜得多的任務。潘恩在 1992 年過世前擔任美國國家太空委員會主席，這個卓越的委員會曾為白宮、美國國會和一般大眾撰寫了一份開創性的報告：〈開

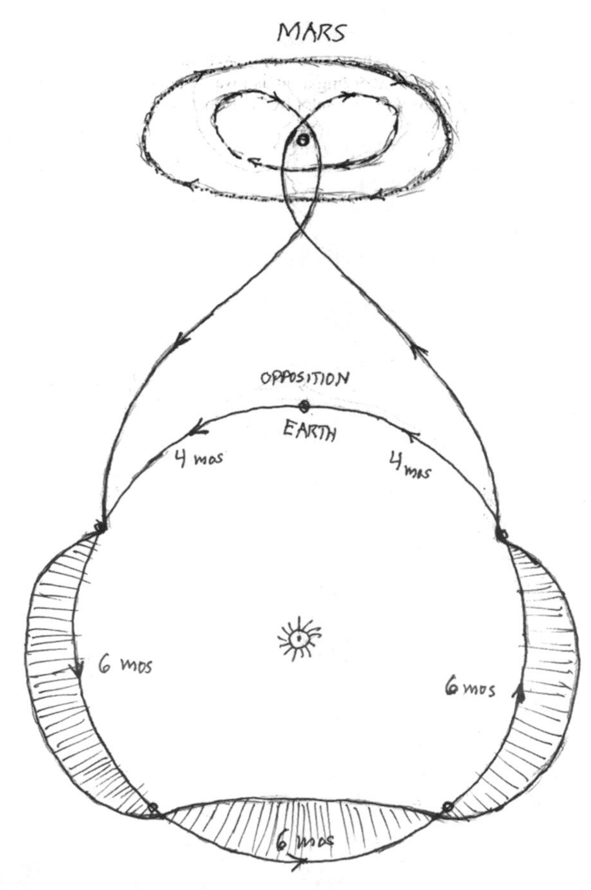

巴茲在 2005 年所畫的草圖，描繪地球和火星之間循環軌道的初步概念。

拓太空新領域的先驅〉。這份文件呼籲「21 世紀的美國有一項開拓性的使命……領導太空新領域的探索與發展，推動科學、技術和企業的進步，建立研究機構和制度以利用大量的新資源，支持人類移民到地球軌道以外的地方，從月球的高地到火星的平原」。

報告中強調建立「不同世界之間的橋梁」的重要性，呼籲相關單位正視循環太空船的重要角色，這是登陸火星「更好的方式」，也能避免大型太空船的加速與減速問題。報告指出，循環太空船永久穿梭在地球和火星軌道之間，只需要在每個週期輕微調整軌道即可。

我在與潘恩、委員會成員和工作人員共事的時候，常常強調我的一個信念，那就是循環系統將改變火星計畫背後的哲學。這樣做讓定期飛往火星的夢想成為可能，也讓人類永久居住該地得以實現。這是人類要在地球和火星之間成功跨出下一步的唯一途徑，我相信這也是人類能及時找到未來第二個家的唯一辦法。

多年來，我一直和充滿創意的太空工程師保持聯繫，尤其是美國普渡大學的航空太空學教授詹姆斯 ・ 隆格斯基（James Longuski），以及 NASA 噴射推進實驗室的同事如戴門 ・ 蘭道（Damon Landau）等人，一起充實艾德林火星循環太空船（Aldrin Mars Cycler）的細節。

我的這套循環系統會永久沿著可預測的路線在浩瀚太

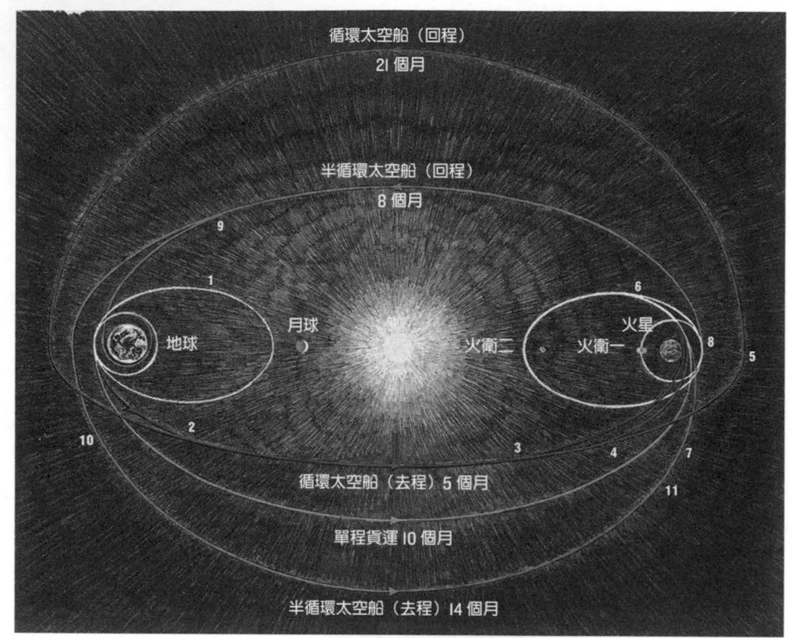

太空公路圖：艾德林循環系統

空中運行。實施循環系統，可以在地球和內太陽系之間的任何距離內運送人員、貨物和其他材料，並可節省大量燃料。

我們不斷增加的月球和火星活動，也有助於一步步陸續建構這個全循環網絡。隨著人員、貨物和商業活動在內太陽系中航行，地球、月球和火星將會變成非常繁忙的地點。

可以把它想成是我們早期在地球上建造橫貫大陸的鐵路的太空版本。這些鐵路是將人員和貨物送進廣袤荒野的交通骨幹，讓探索和與最終的移民行動成為可能。

今天，在我們身邊就能發現地球上有許多類似的循環運輸。舉例來說，遊輪乘客下船或登船時，並不需要進港。還有在惡劣環境下（無論是寒冷氣候或強風）運轉的纜線系統，包括滑雪纜車和高空纜車。乘客在限定的地點與時間與纜線會合，就能取得所需的速度、距離和方向。另一個例子是搭計程車或飯店接駁車，從機場到另一個特定地點。這個運輸模式能循環連結旅客以及貨物，也就是他們的行李。

我們的航空公司也是利用循環模式操作。設想一下你搭乘噴射客機飛越大西洋，然後在到達目的地時把飛機丟棄，這是多麼不經濟的愚蠢行為。諸如此類的相似系統，讓我開始往可重複使用和循環式的運輸系統。

很久以前，我們突破並且駕馭了音障。現在我們需要突破「可重複利用」這個障礙，在我看來，這個障礙之所以一直存在，是因為政府官僚和合作企業的貪婪所致。一旦可重複利用的障礙被打破，認清其經濟價值的國家會影響其他國家遵循同樣的發展路徑，並回過頭來幫助我們突破「重複利用」障礙與「循環」障礙。

可重複利用、可循環的太空運輸是確保地球和火星連結的手段，也是「不浪費」哲學的體現。太空高速公路是健全的太空願景的標記，將來自各方、用來把人類送往火星的重力，融合成一支單純而美麗的芭蕾舞。

我們不需要「人類的一大步」，只需要跨出許多小步。對於這種長期性的任務，我們需要全新的太空船，我稱之為探索艙（exploration module），簡稱 XM。不像獵戶座太空艙是專為環繞地球或飛往月球等短程飛行而設計，XM 會包含輻射防護罩、人造重力、糧食生產，以及最長可達三年的飛行期間所需的回收設施。

我們可以根據 NASA 捨棄的太空站居住艙，建造 XM 的原型機，可能近期內即可完成布署並發射，與太空站結合進行長期測試。等到第二代 XM 問世，可用來繞行月球進行延長飛行，作為它在 2018 年第一項真實任務的演練，那就是連續飛行一年，途中將以時速 4 萬 8000 公里掠過維爾塔寧彗星（46P/Wirtanen）。

2019 年和 2020 年，小行星 2001 GP2 會來到距離地球僅 1600 萬公里處，XM 要與它進行一個月的會合飛行。2021 年的任務是載人接近 99942 Apophis 小行星，它會在 2029 年近距離掠過地球。這塊太空岩石有微小的機會在 2036 年撞上地球。如果 2036 年的危機可能成真，2029 年的任務可能就是讓這顆 250 公尺寬的小行星改道。

2025 年左右是前進火星的最後一步，將會登陸火星的月亮，也就是 27.2 公里寬的火衛一，它在火星上空不到 6400 公里的軌道繞行。火衛一基地是監視和控制機器人設備最完美的位置，這些機器人將在火星表面建立基礎設施，為人類的初訪做好準備。

我的太空統一願景，目標就是推動上述這些太空探索的里程碑。藉由實現這個全面且循序漸進的計畫，美國在太空領域的未來就可以獲得保證，說不定還會是第一個踏上火星的國家。

載人太空飛行對美國有什麼好處？

首先，它提醒美國大眾，只要讓人類自由合作進行偉大的任務，沒有什麼是不可能的。它也可以抓住美國年輕人的想像力，激發他們學習科學、科技、數學和工程。此外，充滿活力的載人太空飛行計畫，能為美國的勞動市場

艾德林早期提出升級概念中所描繪的利用太陽動態電力的星港（太空活動的轉運中心）。

國際太空站的早期建造設計

挹注大量高科技的尖端航太工作機會。它同時促進國際合作關係，確保美國外交政策的領導地位。

我們要如何做到這些？

巴茲的基礎知識：我的科技檢查表

如果人類將眼光推移到近地軌道之外，並選擇以永續方式來實現，那麼我有一份「必備」科技清單。隨著先進技術的發展，成功前進火星和其他目標天體是可預期的。由梅森・佩克（Mason Peck）所領導的NASA首席技師辦公室（Office of the Chief Technologist，簡稱OCT），在推動多項最優先的能力上扮演領導的角色。目前OCT已經開始重建NASA先進的太空科技計畫（Space Technology Program）。

2012年，隸屬於美國國家科學院的國家研究委員會提出一篇報告：〈NASA太空科技道路圖與優先任務：恢復NASA的技術優勢並為新太空時代鋪路〉，報告中表示，科技上的突破幾乎一直是NASA每一次成功的基礎。該報告指出阿波羅登月任務現已成為成功應用科技的象徵，讓原本朦朧的夢想得以成真。

報告另外指出，以人類和機器人探索太陽系，本質上是高風險的嘗試。這意味著採用新科技、新觀念，以及對科技、工程和科學的大膽應用是必要的。另一方面，該研究也提到：

> 進行阿波羅計畫所需的科技是不證自明的，並且受到一個明確、定義清楚的目標所驅動。在現今這個時代，美國廣泛的太空任務目標包括設立多重目標、公部門和私部門的廣泛參與、在前往不同目的地的多重路徑和非常有限的資源中做選

擇。隨著美國太空任務的廣度擴大，必要的技術發展變得較不明確，因此對於一個具有前瞻性的科技發展計畫，我們需要更努力評估它的最佳方案。

下面就讓我們快速瀏覽我所謂的「巴茲基礎知識」，這是我們向外以及向前發展的必要科技清單：

- **大氣俘獲**（Aerocapture）是太空船進入行星或衛星上空軌道時，利用星體的大氣層作為煞車的技術。與大氣層的摩擦會導致太空船減速，讓太空船得以快速被軌道俘獲，減少進入軌道所需的推進燃料。我強力主張 NASA 應利用獵戶座太空船測試這項技術，並將之運用在未來的月球和火星任務。
- **輻射防護**是為了保護太空人免於受到太陽粒子活動、銀河系宇宙射線，和累積在行星磁場帶中或是在行星表面上遇到的輻射威脅。我們必須正面解決這個問題，才能維持長期的太空任務，也許可以利用靜電或磁力輻射防護罩、新的輕量化布料或抗輻射藥品，防堵或減輕太空人暴露在輻射環境下所受的任何可能傷害，或是恢復健康。這方面的研究顯示要提供全面的輻射防護，可能需要多管齊下。

艾德林早期設計的軌道站，是登陸火星的階段任務。

- 長途太空旅行的太空人在**生命支持**方面，需要可靠的、閉路式的環境控制和維生系統。我們必須學會如何將自給能力最大化，將補給重要消耗品（空氣、水和食物）的需求最小化。隨著機組人員遠離地球家園，就不可能以現在的方式定期補給維生消耗品、運送廢棄物回地球。我們要善加利用國際太空站，用來測試不可或缺的維生科技，包括在閉路系統中循環利用空氣、水和廢棄物。此外，在太空中正確飲食和適度鍛煉（就像在國際太空站上一樣），可能

固特異公司約在 1960 年設計的充氣式居住艙

有助解決骨質流失的問題，這也是飛離近地軌道的太空探險者所面臨的關鍵問題。

- **備用系統**對於故障狀況至關重要。備用的硬體和程序一定要能發揮補救功能，無論是機械或軟體問題。最要緊的是，與人員密切相關的應用（如飛行控制和維生系統）絕不能失效。當我們離開地球進行長期任務時，對這方面更要特別留意。藉由備用系統提升可靠度絕對是優先事項，不過也應該花費更多的心思考慮能快速修復的系統（如果能透過適當的設計使之容易修復的話）。
- **充氣結構**具有堅韌、耐用且適應性強的特點。這種可攜式科技產品可以運送到遙遠地區，並充氣恢復原來的尺寸和形狀，是太空人在月球和火星上居住的理想結構。管線預接、易於組合的住所，可設計來提供多個艙室。建議深入研究這個「更寬敞」的科技，它能提供加壓的居住容積，對維護船員的健康相當重要。同樣地，國際太空站是開發、驗證和全面提升這種能力的完美環境。
- **著陸系統**是關鍵科技，無論是要返回地球，還是機器人或人類登陸月球或火星都要用到。大氣俘獲科技僅能用於進入的階段，我們還必需能在目標天體上，持續提高現地的酬載重量，特別是在人類探索火星時。我們必須強化在不同時間降落在多樣行星地點的能力。無論是自動駕駛或由人員控制，精準的著陸能力可縮短太空船的降落位置與預先決定好的地點之間的距離，這不但是為了安全，也能讓作業或科學目標獲得最大成效。換句話說，愈接近我們要去的地方愈好！

建立統一的策略性太空企業

未來不可或缺的一步，是維護美國在太空載人運輸上的領導地位。美國必須領導最重要的部分，也就是提供能安全運送人員穿越太空的系統。我們不能放棄超過 50 年載人太空飛行系統累積的經驗和知識。一旦失去這些，需要幾十年才能彌補。更何況，超越地球軌道的載人太空飛行若缺少了明確指定的目的地或是目標，會對美國未來在太空領域的發展造成很大的不確定性。

我們還必須推動國際社會共同探索、開發月球，必須將「競賽」轉為「合夥關係」，這可以從建造機器人開始。我們正處在美國太空政策的歷史轉折點，過去的政府所奠定的基礎，使得全球性的人類太空探索成為一項有效的行動。我們可以承諾，在合理的預算之內，繼續進行人類在內太陽系和火星的探索。等於每個美國納稅人每天只要付出幾分錢，就能幫助美國在太空領域保有卓越的聲望！

至於我這邊，我打算號召成立一個新的組織：統一策略性太空企業（Unified Strategic Space Enterprise，簡稱USSE）。這會是一個智囊團，針對五個我先前提到的領域：探索、科學、發展、商業和安全性，定期告知民眾某一項國家太空政策的定義與進展。USSE 沒有黨派立場，目的是降低利益衝突，不只在產業界，也包括政治影響力。USSE 智囊團會採用報告的形式，傳遞資訊給美國人民。

為什麼需要一個智囊團？

40 多年前，阿波羅計畫還在夢想階段的時候，NASA的太空探索計畫向全世界展現美國無庸置疑的技術領先地位。那是美國的光榮時刻。同時，美國的太空願景也鼓舞了整個國家，吸引大量年輕人進入工程和科學領域。這些聰明的年輕勞動力幫助那個時代達成了許多大膽、艱困的目標，同時也提供創新的新科技，成為往後數十年驅動經濟的引擎。

然而，願景需要持續的專注和投入。若少了不間斷的觀察、審核和指導，一個新的太空願景在得過且過的官僚作風、季度報告和固定的選舉週期等短視近利的心態下，很可能變成犧牲品，這種情況在過去太常發生了。讓一個由全國知名的太空界領導人組成的獨立團體，負責引起公眾思考並提醒國家領導人正視人類對於將文明延伸到地球以外之地的強烈渴望，將是對國政議題的重要貢獻。

我提議成立一個新的、常設的資深太空政策分析小組（也就是統一策略性太空企業），這是一項以獨立的經費來源支持的活動，將協助恢復太空願景的活力、支持兩黨在太空的利益，並為確保太空計畫的有效實施發揮監督功能。

USSE 的成員將包含 10 到 12 名在太空相關事務擁有全國性聲望的領導者，這些人都有志於發展路徑，將人類的生存延續到地球以外的地方，同時擁有必要的知識，熟稔所需的科技、政策，與政府和商業太空計畫的財務情況。

為了展現絕對的客觀性和獨立性，所有成員必須退出公司、民間機構或政府組織。我在此承諾必將盡己所能協助這個小組的成立，並參與往後的執行。

我預期 USSE 將對未來美國太空發展的全國性對話帶來多樣的具體貢獻。雖然 USSE 實際提供的產品和服務將由會員和贊助者決定，但我們仍預期 USSE 將可提供以下貢獻：

- 根據載人太空飛行計畫的基本目標，也就是擴展人類在宇宙的存在空間，定期報告最新進展。這些報告將評估人類外太空探索與發展工作在國內、國際和商業上的進展狀態。

- 根據 USSE 或贊助者選擇的議題，定期蒐集發表在國內和國際主要媒體上的意見。
- 由 USSE 或贊助者選定，針對特定技術性、政策性和計畫性的議題撰寫白皮書，報告內容將匯集主辦機構和相關各界的技術專家的看法。

至於 USSE 的目標和最終結果，則有個底線。

雖然我們擁有願景，但美國急需一群受敬重的專家提供指導、鼓勵、監督和可究責性，才能實現這個願景。一群常設、獨立且卓越的太空管理機構，將提供一致而持續的評估、指導和建議。

我相信 USSE 有助於確保人類持續走在成為多行星文明的道路上。

有朝一日，人類會在火星上生活。2019 年是人類第一次踏上月球的 50 週年，我很早就提議，未來的美國總統若在這個歷史性的週年，像甘迺迪宣示阿波羅任務那樣，宣布承諾要在 20 年內讓人類永久居住在火星上，將最具承先啟後的意義。

時間會告訴我們答案。

維珍銀河公司白騎士二號運載飛機帶著太空船二號升空

第三章

屬於你的太空：建立商業個案

這片太空保留給平民探險家。

2012 年全世界的觀光客突破 10 億人次。對其中部分遊客而言，有一個剛開始萌芽的旅遊景點是他們可以去的，那就是太空。我們稱他們為「全球太空旅行者」。

近地軌道可以逐漸成為培養商業活動的地方，無論是地球和太空之間的來回交通或是太空計程車。自 1961 年蘇聯的尤利 ‧ 加蓋林進入太空至今，只有少數人進行過次軌道飛行，不過已經有來自 38 個國家的將近 600 個人進入地球軌道，24 人飛越了近地軌道，還有 12 個人到過月球上漫步。

全球太空旅行者將親身體驗太空的驚奇，也能讓我們更了解不曾受過多年太空人訓練的普通人在太空環境下的適應情形。同時，這個新興行業將打開商業太空載具的市場。企業和公眾對太空的熱情，將激勵政府設立合理、具前瞻性的法規。太空旅遊業必將出現。

我確信太空旅遊很快就會蓬勃發展起來。由平民或非專業人士進行公開的太空旅遊非常重要，這會讓太空顯得更平易近人。我覺得這種認同有助於擺脫當今唯有菁英才能進入太空的觀念。其中一個結果，就是能爭取到更多對太空探索活動的支持。讓遊客進入太空也將孕育出下一代太空人、工程師和科學家，這些人會為人類遷離地球的努力打下根基。

從一般的觀光航班，到軌道旅館；然後，真正的回報就要來了。我預見會出現行一種星際遊輪，一種月球循環太空船。這種航班在地球軌道集合，以一股強大的推力將它直接送往月球。月球循環太空船會完成一支宇宙之舞：繞行月球、返回地球、拋射繞地球一圈後，再重返月球。往返一趟只需要一個多星期，每一次月球循環太空船通過地球時，都會與一艘補給船會合，可能補上幾箱香檳，並讓一群新的旅客登船。

登陸月球之後呢？我想你猜得到，就是火星。這趟旅程要比這樣長得多。最初的火星循環太空船很可能只會搭載執行任務的科學家，從地球飛六個月前往火星。但是，

興起中的太空旅遊：維珍銀河公司的次軌道系統

當這艘船拋射回地球進行維護保養周期時，會受到非常大的關注。你能想像自己搭乘同樣這艘將第一批人類送上火星的太空船嗎？也許是我比較樂觀，但我有一種強烈的直覺：大家會排隊搶著得到這個機會。

我對這些觀點的熱情，一直有市場調查和太空旅遊預測研究的支持，這些研究由富創公司（Futron Corporation），和知名人士如澳洲墨爾本拉特羅布大學的觀光政策與行銷學教授傑佛瑞・克勞奇（Geoffrey Crouch）所執行。公眾對太空旅遊的關注和參與有極大的成長潛力。

幾年前，富創公司調查了美國人對太空旅行的興趣。這項 NASA 認可的研究預測，到了 2021 年，次軌道太空

巴茲和朋友體驗零重力狀態。

旅遊可能會達到每年 1 萬 5000 人次。克勞奇在 2004 年針對澳洲民眾的調查發現，只要有機會，大多數受訪者（58%）都想上太空。當然，成本、安全性以及產品設計都是要考量的因子，這就是為什麼太空旅遊產業現階段的發展，專注於技術設計和太空船與太空港的研發。

當然，成本、安全性以及產品設計都是要考量的因子，這就是為什麼太空旅遊產業現階段的發展，專注於技術設計和發展太空船和太空站。

目前民眾不需要進入太空，就能以相對合理的花費，體驗短暫的失重狀態，一是搭乘高空噴射戰鬥機，二是由諸如零重力公司（Zero Gravity Corporation）所提供的飛行航程。

航向太空

1998年，我正式開始籌組「共享太空基金會」（ShareSpace Foundation），邀請我的朋友和同事、同時也是支持太空航行的影星湯姆・漢克斯，還有X獎基金會（X Prize Foundation）主席彼得・戴曼迪斯，擔任基金會的諮詢委員。基金會的使命是藉由教育下一代，培養負擔得起的太空飛行體驗，以及鼓吹對太空探索的追求，讓太空成為每個人的太空。我正在尋找基金會的設立地點，它的工作目標是創造一套三管齊下的方法，邀請民眾和年輕人藉由三個「E」：體驗（experiences）、教育（education）和探索（exploration）來學習並參與太空事務。

ShareSpace在「體驗」上的目標是設計一個獎勵機制（例如彩券、摸彩或電視遊戲節目），獲勝者得到的獎品就是可以真正進入太空，以及其他與太空相關的獎項。我們還需要為這些以零重力飛行、次軌道飛行，以及進入國際太空站等獎項為基礎的活動建立一個法規架構。結合諸如此類的努力，基金會在體驗方面的構想是分享資訊與資源，讓民眾了解太空旅行與觀光的相關知識。

美國青年在科學、科技、工程和數學（合稱STEM）領域的教育，對我們的未來相當重要。ShareSpace的「教育」目標是讓幼稚園到12年級的學生認識太空的奧妙，引發他們對STEM科目的興趣。在這方面，ShareSpace希望與設有教育部門的機構如全美科學教師協會、NASA 等教育機構建立合作關係。理想中，這些關係能發展出可以加強並激勵太空研究的課程。除了特定的課程方案，ShareSpace 網站上會有教育頁面，將成為教師和學生在太空和科學教育資源方面一個有用的情報交換中心。

我堅信，以推廣新興太空旅行和觀光業可提供的體驗作為計畫的一部份，將次軌道或軌道航行進入太空的實際旅程作為獎品，ShareSpace 可以擴大公眾對太空飛行的參與。當然從次軌道進入軌道，一定會增加成本。

更重要的一點是，這將是終極「拓展」計畫，它會把熱情帶給社會大眾，新一代人類會體認到他們有機會前往太空中的新目的地，而受到鼓舞。

其中一些參與者會成為建造未來火箭和太空船的科學家、工程師和企業家；有些則成為專業太空人和登陸其他世界的新移民，還有很多人會成為公民探險家（年輕的全球太空旅行者）。他們會進入地球軌道、到太空旅館度假，甚至在不遠的未來，踏上更遙遠的旅程。

從 1980 年代我就開始構想，普通公民的太空航行、太空地圖的繪製、火星運輸系統——這一切都連接到同一個目標：加快民眾進入太空的腳步。ShareSpace 打算藉由舉辦摸彩，提供數以千計的獎項（獎品包括太空旅行），吸引民眾的支持。

這個想法在十年後更加具體，我在小說《遇見泰柏》（Encounter with Tiber，Warner Books，1996 年出版）中首度虛構一個「太空共享總體」（ShareSpace Global）。在此引用書中人物西格 · 賈爾斯堡的話：「如果你想要得到那個更美好的世界，我們必須馬上建立太空旅遊業，而且它不能只是一小群富豪的玩物，必須一開始就受到廣泛民眾的熱情支持。」

ShareSpace 可能會發展成多種形式，從小規模的摸彩到數百萬美元的彩券，甚至是遊戲競賽性的電視節目。獎項的範圍從參加太空發射和太空營、高空零重力飛行、大氣層以上的次軌道彈道航行、在軌道上以 90 分鐘繞行地球一週，以及最終的軌道豪華旅館探險之旅。長遠來看，獎品可能包括低空環繞月球飛行，甚至搭乘長途的循環太空船前往火星。

一個公民高度參與的太空計畫會形成一種更平等的方式，有助於那些負擔不起商業太空旅行高額機票的人。任何人只要花一小筆錢（例如 100 美元），就有機會來一趟畢生難得的太空探索之旅。

人類的太空旅行會從少數人的事變成多數人的事，而 ShareSpace 致力於分享太空的啟發。我堅信這個口號：「人人都需要太空！」

STEAM 的力量

國際太空大學（International Space University，簡稱 ISU）是一個非營利的私人機構，它在法國斯特拉斯堡的中央校區和世界各地的分部，專為正在興起中的全球太空社群的未來領袖提供研究所層級的訓練。

2012 年夏天，ISU 在美國弗羅里達理工學院舉辦太空研習課程，共有來自 31 個國家的 134 人參加。在九週的密集課程裡進行了許多團體作業。其中一個 2012 年的作業集中在科學、技術、工程和數學（STEM）。更具體一點說，學員被要求思考的是這個問題：太空對全球 STEM 教育有何幫助？

他們有幾個觀察和研究結果，對於人類高舉太空探索火炬前往遙遠的目的地的行動至關重要。首先，太空有廣泛的吸引力，充滿啟發的力量，而且具有國際合作背景，能鼓勵學生投入 STEM 領域的學習並追求更高的教育。報告指出，每個國家都需要符合其特定經濟、社會和文化狀況的堅實 STEM 勞動力。

太空的挑戰性有助於吸引和激勵學生，而太空相關的學習內容也可幫助學生認識他們的生活和研習科目與 STEM 的關聯性。ISU 的報告指出，太空活動能成為來自不同國家的人民的「共同經驗」，促進文化接受度，擴大國際合作並減少社會差距。

研究團隊察覺到，基於多種原因，太空是一項強大的工具，能使 STEM 教育更全球化、更公平、更負擔的起、更有創意、更有吸引力，且更有適應力，因為太空在本質上是無國界的，是屬於每個人的，也是成長快速、前景看好的產業。

此外，研究團隊發現太空相關的內容，能成為 STEM 教育的絕佳學習動機，因為 STEM

- 吸引各年齡層的學生；
- 能啟發和激勵創造力；
- 能養成好奇心和批判性思考；
- 是跨學科的；
- 對男女都有吸引力，能促進平等；
- 促進國際和跨文化的合作；以及
- 追求一個蓬勃發展的共同未來。

ISU 的研究也發現以下事實：

冷戰助長了太空競賽，而太空提供了研究、發展和製造領域的誘因和動機，促進 STEM 教育。從第二次世界大戰到 20 世紀末，我們已取得巨大的進展。目前的體系非常倚重太空商業、工業和

> 研究方面的國際合作。不久後我們將需要建造新的太空船、組織新任務、訓練新領域的人員來探索太空，現在是思考我們將需要什麼的時候了。我們的資訊社會緊密相連，如今隨時隨地都能取得資訊和知識。

人類最根本的問題，能吸引每個年齡層的很多人前往太空。

然而，還有更多事情要做。這項研究中發現的一個主要問題是，21 世紀大多數的教育體系，本質上和 200 多年前為了因應工業革命而發展出來的體系沒什麼兩樣。舊的教學方法難改，但已不適合出生在這個以科技驅動的世界的現代學生。最後，藝術可用來創造一種更吸引人的方式把太空和 STEM 連結起來，有助於扭轉一般將 STEM 視為精英、難懂和乏味的印象。如此結合了科學、技術、工程、藝術和數學，簡稱為 STEAM。

因此，太空提供的「STEAM 力量」是一個全新的視角和合作環境，有助於挑戰刻板印象，領導國家、文化和性別走向平等。報告的結論是，利用太空促進 STEM 教育，可培養出思想開明和有創造力的未來領導者。

天價的商業計畫

已經有少數人支付 2000 萬到 3500 萬美元的票價，要在俄羅斯的聯合號太空船上接受訓練，並飛往國際太空站，這是由太空探險公司（Space Adventures）提供的旅程。太空探險公司成立於 1998 年，一直是私人太空探索公司的先驅，也是第一個把自己出錢的遊客送上太空的團隊。公司董事長艾力克 · 安德森和他的團隊也執行了第一個環繞月球飛行一周的私人任務。

多家公司正在發展次軌道太空觀光的機會。未來幾年內，民眾將能選擇次軌道飛行，例如維珍銀河公司（Virgin Galactic）所開發的，或是選擇私人公司提供的軌道飛行

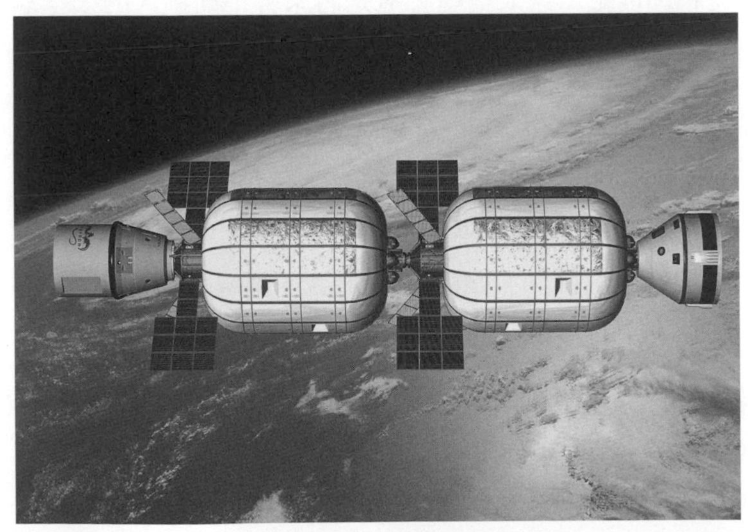

畢格羅航太公司的二個可擴充式居住艙與其他太空船對接的示意圖

前往太空旅館。

就天價的商業計畫而言，美國內華達州北拉斯維加斯的畢格羅航太公司（Bigelow Aerospace）就是一個現成的例子。自 1999 年以來，該公司一直從事製造可負擔的充氣式太空艙。畢格羅航太公司的創辦人暨總裁羅伯特・畢格羅是統包商、房地產大亨、飯店經營者和開發商，他已自掏腰包投資數億美元，來實現他對可完成擴充市的居住艙的承諾。

畢格羅富有遠見的熱情不僅是精神上的。他的公司建造的兩個原型太空艙現正繞行地球，分別是在 2006 年 7 月和 2007 年 6 月，由俄羅斯火箭發射升空的創世紀一號和創世紀二號太空艙，這是將來會不斷擴大的太空居住結構的先驅，其中一個是可容納三人的「日舞者」艙（Sundancer），另一個是更大型的 BA-330，有 330 立方公尺的容積可出租給六名人員居住。

在地球軌道上測試可擴充式居住艙，是生產通用太空結構作為居住艙的關鍵，這能為我的循環太空船設計、補給站、倉庫設施以及大型實驗室提供更大的空間。

畢格羅航太公司在過去幾年間已經成立一個他們稱之為「主權客戶」的國際聯盟，同時也設計好金融和法律架構，好讓這種合夥關係得以在近地球軌道開花結果。

2012 年，太空探索科技公司（Space Exploration

畢格羅航太公司的 BA-330，可作為獨立或模組式太空站

Technologies，簡稱 SpaceX）和畢格羅航太公司協議共同整合國際客戶的市場。這兩家公司將利用鷹隼九號發射載具，將搭載乘客的太空 X 的飛龍號太空船送上太空，前往未來將繞行地球的畢格羅航居住艙。此外，畢格羅航太公司在 NASA 的「商業性人員整合能力計畫」中，將搭配波音公司的 CST-100（Crew Space Transportation，意為載人太空運輸）太空艙配。CST-100 的主要任務是運送人員到國際太空站和畢格羅航太公司的私人設備上。CST-100 太空艙和多種發射發射載具相容，包括亞特拉斯五號、三角洲四號和鷹隼九號。

NASA 已經注意到畢格羅航太公司的進展，雙方的討論都集中在如何讓 NASA 取得一組畢格羅可擴充式活動

放置在畢格羅航太公司工廠地板上的可擴充式居住艙原型。

艙（Bigelow Expandable Activity Module，簡稱 BEAM），以提高國際太空站的效用。如果達成協議，BEAM 將是該公司可擴充式科技用於供人類居住的太空建築上的一次實際測試。

太空很大，畢格羅的點子也是。可擴充式居住艙的設計已經草擬完成，容積為 2100 立方公尺，幾乎是國際太空站空間的兩倍大，還有另一個設計案，是可提供 3240 立方公尺空間的超大結構。該公司也設計出能快速在月球表面部署基地的充氣式太空艙，其中能容納 18 名太空人。畢格羅和團隊正在設計一種建築，用來將他們的可擴充式結構放置在「地月拉格朗奇點 L1」（Earth-moon

Lagrangian point L1），準備當成遠征火星的補給站。

太空港聯合公司（Spaceport Associates）的執行長德瑞克・韋伯（Derek Webber）也有同樣長遠的眼光，他讓太空觀光客在地球同步軌道上有了一個新的目的地，就在地月拉格朗奇點 L1。所謂拉格朗奇點，是太空中天體的重力與軌道運動互相抵銷的地點。位於拉格朗奇點的太空船只需要少許推力，就能維持不動。行經這些地點的軌道稱為「暈軌道」（halo orbit）。

韋伯提倡將這個點視為前往次軌道飛行和近地軌道之外的下一步，稱之為「地球太空港」（Spaceport Earth），可作為地球重力穴邊緣的太空站與飯店的複合站體。韋伯認為 NASA 可以利用地球太空港作為往返火星（甚至更遠處）的起點與終點。只要開始有遊客在近地軌道和地球太空港之間上下往返，就能有效啟用（並有經費支持）這個軌道基礎建設的新部分。

不過，要緊的事先辦。

按次計費的座位

我很仰慕我的探險家同儕理查・布蘭森爵士（Sir Richard Branson），經營太空班機業務的維珍銀河公司（Virgin Galactic）的就是他出資成立並持續支持的。我曾在新墨西哥州南部的美國太空港（全世界上第一個為特定目的建造的商業太空港），親自參與多項維珍銀河公司成就里程碑的活動。

這個開創性的設施位於拉斯克魯舍斯北方約 70 公里處，已具備雛形，沙漠景致中點綴著美國太空港的建築物。這個通往太空的入口占地 7280 公頃，不僅將是遊客升空進入次軌道高度與返航的出入樞紐，也是一個高科技據點，開拓太空新路線的實驗載具都將在此停靠。

興建中的美國太空港花費 2 億 900 萬美元，目前為止完全來自國家納稅人的錢。不過政府對新墨西哥州太空港

維珍銀河公司的白騎士二號攜帶太空船二號，
飛臨新墨西哥州的美國太空港上空。

的補助已於 2013 年 12 月結束，從國家出資的企業轉交給民營企業。

訪客到達這個遼闊的建築群，會看到一個像是明日世界的機庫設施，和一條將由維珍銀河公司運用的超長跑道。該公司在美國太空港的營運，將使用載客的白騎士二號（WhiteKnightTwo）／太空船二號（SpaceShipTwo）的次軌道發射系統。

白騎士二號母船會將搭載六名乘客、兩名機員的太空船帶到 1 萬 5000 公尺高空，在那裡釋放流線型的載具，載具再以本身的動力將乘客送上地球大氣層以外。機上人員會以將近 4000 公里的時速（比音速快了三倍以上）飛行幾秒鐘，飆升至海拔 108.8 公里高空，這高度足以媲美太空人。這段往返次軌道的時間（從跑道起飛到降落）大約是兩個半小時，顧客會體驗到幾分鐘的自由落體。之後白騎士二號就返回地球，滑翔回基地，在跑道上著陸。

按次計費的座位票價是 20 萬美元。已有數百名顧客簽署文件，希望得到坐在太空船二號上瀏覽窗外風景的機會，親眼看看地球的弧線和深邃黑暗的太空。如果這架火箭飛機在它的製造地點、也就是縮尺複合體公司（Scaled Composites）位於加州的莫哈未航空與太空港（Mojave Air and Space Port）所進行的震動測試一切順利，商業次軌道的載客飛行可能就會在 2013 到 2014 年啟動。

布蘭森常說，等到他的次軌道太空班機業務有了財務上的動量，票價就可能調降。在這個過渡期間，前進太空已經登上 Virtuoso 旅遊集團在 2011 年度「旅行夢想」調查裡「一生必遊旅程」的前十名，其他的選項有搭郵輪航行世界、到七大洲旅遊、租用法國海濱的城堡或是在租來的私人小島上漫遊。

新的太空飛行工業

2012 年 7 月 Tauri Group 發布《次軌道可重複使用載具：十年的市場需求預測》報告，這份研究由美國聯邦航空總署的商業太空運輸辦公室與太空佛羅里達（Space Florida）共同贊助。

這份報告的核心訊息，是次軌道可重複使用載具（suborbital reusable vehicle，簡稱 SRV）正在創造一個新的太空飛行產業。研究指出，目前有六家公司正積極設計、發展或運作九種 SRV。SRV 是透過商業開發而來的可重複使用太空載具，可載運人員或貨物。

如果預期中的高飛行率和每次飛行的相對低成本開始出現，SRV 即可服務各種不同的市場，包括商業載人太空飛行、基礎和應用研究、科技展示、產品的媒體和公關推廣、教育、衛星部署等，乃至於形成新的點對點運輸方式，可用比目前更快的速度在全球各地運送貨物或人員。

Tauri Group 的報告指出，居 SRV 市場主導地位的是商業載人太空飛行，約占 SRV 需求的 80%。他們的分析指出，全世界大約有 8000 名高淨值人士（淨資產超過 500 萬美元）對此有足夠的興趣，而且以他們的支出模式來看，很可能會用目前的價格購買一張次軌道飛行票。這些消費者大約 1/3 來自美國。報告裡提到目前大約有 925 人已訂位搭乘 SRV。

Tauri Group 研究預估十年內，這些感興趣的高淨值人士約有 40%（3600 人）將會進行太空飛行。當然，非高

藍色原點公司設計的「新謝帕德」，一種次軌道太空船

淨值人士的太空愛好者也預計會產生少數的額外需求（約會多5%）。

目前私部門正在建造能運載貨物或乘客（或兩者）進入太空的次軌道和軌道太的載具。以下是我持續關注的幾種太空船設計與幾家商業公司：

- **阿瑪迪洛航太公司**（Armadillo Aerospace）是可再用火箭動力飛行器的開發商。這個公司專注於垂直起飛和垂直降落的次軌道研究與旅客航行，最終目標是進入軌道。它曾利用20多種不同載具進行數百次飛行測試，成績斐然。這個太空創業公司正在驗證多項技術，並計畫將之納入載人次軌道可重複使用發射載具。
- **藍色原點公司**（Blue Origin）背後有亞馬遜創辦人傑夫・貝佐斯（Jeff Bezos）的名聲與資金支持，正開發新謝帕德（New Shepard）系統，這是一種定期載送多名太空人進入次軌道的火箭推進載具，價格相當有競爭力。新謝帕德系統能頻繁提供研究人員進行飛入太空的實驗與微重力環境。航班將在藍色原點公司於西德州營運的發射場起降。
- **波音公司**（Boeing）正開發一種商業載人飛行器CST-100，它可以藉由多種不同的火箭發射。波音公

波音公司的 CST-100 商業載人太空艙

軌道科學公司的天鵝座載貨船，正靠近國際太空站

司的系統將提供載人航班飛往國際太空站，也能支援畢格羅航太公司的軌道太空建築群。CST-100 是可重複使用的艙形太空船，採用驗證過的飛航次系統與成熟的技術。這個系統最多可載運七人，或是同時運送人員與貨物。

- **馬斯滕太空系統公司**（Masten Space Systems）設計、建造、測試和經營可重複使用的發射載具。這個創業公司尋求可再用發射飛行器更快速的整備時間，藉此提高飛航率（這也是降低前進太空成本的方法），也是讓更多人得以接觸太空的方式。這個公司正在開發可完全重複使用、垂直起降的發射載具，提供技術和概念的展示、技術提升和工程服務。

- **軌道科學公司**（Orbital Sciences）成立於 1982 年，最初的目的是以它新型的心宿二發射載具，由 NASA 在維吉尼亞州瓦勒普島的瓦勒普飛行基地升空，執行國際太空站的補給任務。這個公司和 NASA 合作提供商業軌道運輸以及補給服務。軌道科學公司提供先進的天鵝座（Cygnus）自動駕駛太空船，以及用來遞送壓縮貨物到國際太空站的艙體。根據與 NASA 的合約，該公司從 2013 年起要完成八次任務，支援俄羅斯、歐洲和日本的國際太空站貨運載具。
- **內華達山脈集團**（Sierra Nevada）正推動一種商業載人太空運輸系統的發展。追夢者號是根據 NASA 的 HL-20 升力體的設計，將會透過亞特拉斯五號火箭發射進入地球軌道。比起艙型設計，追夢者號的升力體外形能增加橫向航程，在進入軌道時產生的 G 力也較低，能提供更多著陸機會，讓人員與科學研究成果享有更平穩的重返環境。
- **XCOR 航太公司**的火箭專家致力建造可重複使用的火箭動力載具、推進系統、不易燃的先進複合材料和火箭活塞泵。XCOR 太空公司正在建造山貓號（Lynx），這是人員駕駛的兩人座、可完全重複使用、以液態火箭推進的次軌道載具，水平起飛水平

XCOR 航太公司設計的山貓號次軌道載具

降落。山貓系列載具適用於研究和科學任務、私人太空飛行與微衛星發射。該公司的目標是讓商用山貓載具可以每天四次飛入 100 公里以上的高空。

全球太空經濟

當你檢視全球太空經濟，會從太空基金會每年對現狀的評估，發現引人注目的金額。太空基金會位於美國科羅拉多州科羅拉多溫泉市，屬非營利機構，是太空工業所有部門的領導倡導團體，舉辦一年一度的全國太空研討會，所有太空相關的優秀專家都會聚在一起，我也經常參加這個會議。

太空基金會在《2012 年太空報告：全球太空活動權威指南》指出，2011 年全球各地在太空經濟將近成長了 2900 億美元。在目前全球其他許多領域經濟低迷的情勢下，這個數字反映了它驚人的力道，在單一年度擴大了 12.2%，五年成長率 41%。這是太空基金會的研究人員從第一手研究和公家與私人資料分析彙整而來的數字，包含世界各地的商業收益和政府預算。12.2% 的增幅是根據 2010 年的 2582 億 1000 萬美元總值來計算。

根據《2012 年太空報告》，儘管國家之間有很大的差異，但全球政府的太空支出總計增加了 6%。印度、俄羅斯和巴西政府的太空支出個別增加了 20% 以上。而其他國家，包括美國和日本，近幾年的變化不大。

太空基金會執行長艾略特・普漢（Elliot Pulham）在第 28 屆國家太空研討會上發布這份報告時，提到太空是門好生意，「帶來來巨大的社會經濟利益」。但他接著補充：「可惜的是，這些數據反映一個連續的趨勢，顯示美國與其他太空國家相比正節節敗退，包括原有的和興起中的太空勢力。

《2012 年太空報告》裡有一些事實是值得關注的，大部分是好消息，但也有些資訊令人擔憂：

- 2011 年一共進行了 84 次發射，比前一年增加 14%，其中俄羅斯主導 31 次、中國 19 次，而美國有 18 次，這是中國發射次數第一次超越美國。美國則在發射載具的多樣性中領先，全年發射八種類型的軌道火箭。

- 截至 2011 年底，估計有 994 顆有效衛星繞行地球。
- 美國太空勞動力連續四年下降，從為 2009 年的 25 萬 9996 人，降為 2010 年的 25 萬 2315 人，下降了 3 %；這是過去 10 年內第二低的就業比例。
- 太空工業的平均年薪，比十種科學、技術、工程和數學類職業的平均年薪高了 15%（這些職業僱用美國最多勞工）；太空工業 2010 年的平均年薪是 9 萬 6706 美元，是私人企業薪水的兩倍以上，其中薪水最高的州別是科羅拉多州、馬里蘭州、麻州、加州和維吉尼亞州。
- NASA 的員工有 70% 以上介於 40-60 歲，只有 12% 不到的人小於 35 歲，而美國整體勞動人口介於 40-60 歲的不到 45%。
- 2009 年，美國 34% 四年級學生和 30% 八年級學生，在科學領域的表現達到或超越「精通」的程度；2011 年，40% 的四年級學生和 35% 八年級學生在數學領域的表現達到或超越「精通」的程度，比過去幾年進步。

軌跡變化

《2012 年太空報告》指出相當多趨勢，這些發展可能會影響未來幾年的太空活動。這些趨勢包括人類太空飛行軌跡的改變、美國預算緊縮導致計畫的不確定性、愈來愈普遍和多樣的合作模式，以及政府和商業太空公司之間的成熟關係。

最後這個趨勢，可用 2012 年達成的一項里程碑來說明，這是第一次美國私人太空船發射並停靠在國際太空站。太空 X 公司的自動補給船飛龍號在完成歷史性停泊之後，太空艙成功落回太平洋。這是太空創新和私人商業上的的一個強大訊息，說明了 NASA 的資助對美國競爭力的影響，有助填補美國目前因為太空梭退役所流失的任務執行能力。

白宮並也注意到了這個情勢，他們希望我提供意見。我很樂於幫忙，我寫道：

> 從本週美國商業太空公司成功發射，並將後勤補給送往國際太空站看來，我們可以知道，只要民營公司的企業利益與 NASA 的探索使命一致，就是美國的勝利。鷹隼九號首度航向國際太空站（以及隨後即將到達的其他商業太空發射任務），代表太空探索新時代的曙光。在我們登月近 43

2012 年 10 月，太空 X 公司的飛龍號貨船到達國際太空站。

年後，我們進一步展示美國在太空的領導地位。

我的老朋友諾恩・奧古斯丁（洛克希德・馬丁航太公司前董事長暨執行長）是太空社群的領袖，也有志一同地提出進一步的想法。「商業太空運輸的成功不僅對它本身來說很重要，」奧古斯丁寫道，「這些成功也讓 NASA 能自由去作自己最擅長的……也就是拓展太空與知識的新領域。」

同樣地，行星學會的總幹事比爾・奈伊（Bill Nye）注意到這個事件，稱這是跨出了一大步，具有里程碑的意義，讓我們能以更低的花費和更可靠的途徑與太空接觸。「像這樣的投資，私部門和政府共同解決技術難題，把先進科技和創新變成我們文化的一部分，會強化我們的經濟，」奈伊表示，「有了這種成功的商業夥伴關係，NASA 將擁有更多資源深入宇宙，讓我們能進一步了解、體會我們在太空的定位。」

我在阿波羅計畫的太空人同事羅斯替・史威卡特（Rusty Schweickart）錦上添花，認為飛龍號太空艙抵達並停靠國際太空站，不僅是歷史性的一刻，「事實上開啟了太空探索的新時代，私人企業和個人主導的計畫將在近太空活動的利用上，開始扮演領導的角色。」史威卡特這段話呼應了我的信念。「這不僅令人振奮、意義重大，而且完全符合美國人的冒險性格與隨之而來的回報。在這個新時代的開端，這個『第一』的長期效果非我們所能預見，但毫無疑問這對年輕人來說將成為一大誘因，因為現在有了堅實的證據可說明這件事的價值，以及個人發起的計畫也有成功機會。」他補充道，「現在近地太空和空氣、水和土地一樣，已經是人類環境的一部分了。如今，未來又再度開放機會給想像力、創造力和夢想！」

我為這些評論鼓掌，在我心目中，商業火箭學家伊隆・穆斯克（Elon Musk）和他的 Space X 團隊的成就是第一步。其他人也會跟進，開發新的能力以降低成本，並進一步確保私部門在近地軌道的立足點。

巴茲在寧靜海基地向美國國旗致敬：這是他最自豪的時刻。

第四章

我的月球夢

☆ ☆ ☆

常有人要我描述我的阿波羅 11 號月球漫步經驗，以及在月球上的回憶。當我回想我生命中這個神奇的、轉化的時刻，有幾件事印象特別鮮明。

別忘了一件事：當初甘迺迪總統是說，派一個人登陸月球並將他安全帶回來——他說「一個人」。我們可以選擇讓一名太空人降落在月球表面，從窗子往外看，也許部署一架機器人，但不需要打開艙門，這樣也是達成目標。不過由於我們是結伴制，所以選擇讓兩個太空人上月球漫步。

多虧了這個決定，我和阿姆斯壯才得以一同站在一片嚴酷、荒涼而壯麗的景觀邊緣。從這個角度看地球，所有我知道且熱愛的一切，都高懸在我們頭上這顆脆弱的亮藍色小圓球中，被一片漆黑的太空所包圍。

直到我返回地球才猛然發現，美國首度成功將人類送上月球，已被視為全人類的勝利。這才是了不起的結伴制！世界各地的人驕傲地共同宣布：「我們做到了。」再者，執行阿波羅 11 號任務讓我們重新發現地球的珍貴，它是非常特別的生命搖籃，我們都住在這裡面。

我的月球旅程還充滿了其他無數的回憶。

我一踏上月球，先檢視自己的平衡狀況，然後用我太空衣裡的尿液收集器小解。我注意到我每踏出一步，就會揚起灰塵，而當灰塵落到地面，反照率就改變了，包括反射率和顏色。

回想那一刻，所有任務前的訓練是一片空白，心裡對於要做的事情順序也沒有個清楚盤算。我們在老鷹號登月艙周圍走動時拍了些照片；檢視老鷹號有無損害，並看看登陸載具底下的地面狀態。我繞著老鷹號走完一圈，拍了照之後，把相機交給阿姆斯壯，接著他拍了大部分的照片。我並不是刻意想要默默地隱身幕後，只是我們從來沒有被交代過宣傳照片有多重要。

我們在月球的停留時間很短，而首度登月的激動之情則久久不滅。不過因為我們兩個人都在月球上行走，我感到自己比較像是團隊的一員，而不是跟隨者。如果阿姆斯壯做了什麼不是我們預定要做的事情，我也不會知道，因為我自己也沒有依照特定順序做事。某種程度上，我們是

巴茲・艾德林拍攝自己在月球上的腳印

被丟到月球表面上，預備按照記憶執行一個任務清單：豎立國旗、打開蒐集岩石的盒子、現場做一個實驗。

所以當時完全是下意識的動作，只有一個感覺：「好啦，我們到了，開始做該做的事吧。下一步要做什麼？」後續執行阿波羅任務的月球漫步者，則有多一點時間適應月球環境。

我記憶中最強烈的感覺，是月球的氣味。

我和阿姆斯壯重新進入老鷹號登月載具，為我們這個

巴茲・艾德林在老鷹號登月載具內

遠離地球的家進行加壓。月球塵埃弄髒了我們的太空衣和裝備，它有一股明顯的氣味，像燒焦的木炭或火爐裡的灰燼，尤其是灑上一點水的時候。

我們離開地球前，有些喜歡危言聳聽的人認為月球塵埃非常危險，能在空氣中自燃。他們的理論是月球塵埃過去未曾和氧氣接觸，因此只要我們一為登月艙加壓，艙體可能就會開始升溫、悶燒，甚至起火。起碼少數人是這麼擔心的，沒有人想在七月下旬欣賞月球煙火秀！

所有從月球表面採集的正式樣本都放在真空容器中。阿姆斯壯抓了一件應急樣本，把它塞進大腿處的口袋裡，這是為了預防萬一有突發狀況迫使我們緊急撤離月球。

我們在月球漫步後重新回到登月載具內，我先進去，然後是阿姆斯壯。那件隨手抓來的樣本就放在升空發動機蓋子的圓柱形平面上。隨著艙內開始填充空氣，我們都焦急地注視月球樣本是否開始冒煙、悶燒。如果真是這樣，我們會停止加壓、打開艙門把它丟掉。但是什麼都沒發生，所以我們繼續準備離開月球的動作。

是的，阿波羅 11 號是劃時代的任務，但它也充滿了風險。我們由阿姆斯壯駕駛、我幫忙喊出下降數值，終於把老鷹號登月載具降落好，當時在下降節裡大約只剩 16 秒的燃料。在月球表面上，如果我們跌倒弄破了太空衣，大概沒什麼機會生還。如果有一個上升發動機無法發動，或者機上電腦發生故障，我們就離不開月球。當時科林斯在繞行月球的指揮艙裡，如果我們的會合出了一點差錯，那我們就會面臨非常嚴重的後果。這只是一連串「如果」的一小部分。

我注意到幾年前出現了一份阿波羅登月任務的文件，作者是威廉・薩菲爾（William Safire），當時是尼克森

巴茲 · 艾德林在月球表面部署探索用的設備。

總統的演講稿撰人。我想撰寫這份文件的出發點，是設想如果當時的「如果因子」並非對我們有利的話會怎麼樣。

1969 年 7 月 18 日，薩菲爾呈給白宮幕僚長鮑伯・海爾德曼的這份白宮內部文件，標題為〈月球災難事件〉，寫到了這句不祥的話：「命運注定讓去月球和平探索的人，留在月球上安息。」

這份聲明中稱我們為勇敢的人，接著指出我和阿姆斯壯本來就知道「自己沒有返回的希望」。「在古代，人類看著星空，仰望存在星座裡的英雄，」聲明繼續寫道，「而在現代，我們還是如此，但我們的英雄是有血有肉的人。」

後面還有一段：「他們以探索行動，讓全世界的人合為一體；而他們的犧牲，則讓人類的情誼更緊密結合。」

現在看來是很奇怪的一份聲明，但讀到它我並不驚訝。撰稿人本來就得準備各種假設性事件的文稿，資深官員必須同時準備針對大突破，或是悲慘結局發表聲明。阿波羅 11 號任務這兩種情況都可能發生。閱讀這些預先準備的悼詞，我必須很自豪地說，我們的任務也達到了相同目標，而且還讓我們平安回到了家。

阿波羅任務建立在成千上萬美國人的熟練度和專業性上，也建立在信念和一個國家的承諾上。

順道一提，阿姆斯壯是第一個踏上月球的人類，我則是第一個由地外世界進入前往地球的太空船的人類。

不一樣的地方

自從我 1969 年到過月球之後，那裡已經變成不一樣的地方了。

首先抬起頭，用嚮往的眼神望向夜空中的月亮。顯然我們的月亮是個充滿故事的天體。它有疤痕可以證明這一點：這是一個被隕石撞擊得傷痕累累的世界，見證 45 億年來我們太陽系演化的暴力過程。

最近一支由多個國家派出的月球探測機器人隊伍，證實月球上的礦脈儲存了大量有用的材料。此外，月球似乎呈現化學活性，還有完整的水循環。簡單地說，月球是濕的。

最新數據顯示，在我們這顆古老、飽經摧殘的月球的某些地方，水是以純冰晶的形式存在。例如，月球兩極陽光匱乏的隕石坑「冷阱」（cold trap），可能是藏有水冰沉積物的獨特環境。將來人類探險家需要水來維持生命，第一步就要先找到這些水資源。同樣地，月球充滿了氫氣、氨和甲烷，這些都能轉換成火箭推進劑。

太空船揭露的最新發現顯示，月球兩極是非常活躍、令人振奮的地方，充滿複雜的揮發物、獨特的物理性質和奇特的化學現象，而且是存在於超冷溫度下。最近召開了第一屆「月球超導體應用研討會」，會中聚集了包括高溫超導體、低溫電子學、低溫工程學和月球科學等專家團體。會議結論是即使要應付低於絕對溫度 100 度的環境，月球上還是有幾種高溫超導體可以選擇，藍寶石和鈹等物質則具有熱超導性。數位和類比電路可以在極低耗能下高速運作，而且噪音極低，保真度極高。

正是這種奇特的可駕馭性，激發了創新和創造力。怎樣利用月球本身溫度的變化，設計能長時間運作的發電和儲存系統？已經有研究人員討論到輕量化、模組化、可擴充的超導磁體，能夠提供月球上太空輻射的防護。而月球兩極永久處在陰影下的極寒地區，也非常適合用作紅外線望遠鏡的觀測。

簡言之，月球這個被地球重力牽引的近鄰天體，有潛力可以幫助我們找出一套永續的、經濟的、企業化的、帶來新科學的方式，往太空拓展。

問題在於，當人類重新踏上月球時，美國該扮演什麼角色？

保留阿波羅著陸點

老鷹號登月艙把我和阿姆斯壯送到荒涼月球表面，我們站在艙外差不多只有 1 公尺處、類似滑石粉的月球塵埃上，我把這裡的景觀形容為「壯麗的荒蕪」。

從 1969 年到 1972 年底，共進行了六次阿波羅登月任務，其中只有 12 名太空人有幸揚起月球的塵土。有人稱我們是「髒兮兮的一打」。我們累計的月球漫步時間並不多：從阿波羅 11 號短短的兩個半小時，到阿波羅 17 號的夜襲，加起來只有 22 小時多一點。所以所謂月球探索（包括機器人和人類），實際上幾乎連表面都只摸到一點點，我們並沒有獲得太多布滿隕石坑的月球的資訊。

有人正發起一項活動，想把我和阿姆斯壯降落的寧靜海基地，指定為國家歷史地標。有關美國政府如何保護和保存具有歷史和科學價值的月球文物，NASA 本身正在蒐集建議指南。太空文物保存的領域逐漸受到重視。

我提倡保存六次阿波羅任務的每個著陸點。藉由擴展保存阿波羅 11 號寧靜海基地的努力，我們能學到保存其他五個著陸點的最佳方法。

我對於如何進行這件事有幾個想法。我們可以把寧靜海基地這個歷史性的著陸位置劃為保留區，周圍架設一圈移動式攝影機追蹤系統，隨時對準著陸點。由於月球上有 14 天白晝與 14 天黑暗，採光的條件會改變。如果商業公司加入一點創造性思維來操作，可創造一個美妙的虛擬現實體驗。

我仔細端詳 NASA 的月球勘查軌道號（Lunar Reconnaissance Orbiter）在月球軌道上拍攝的精采照片，畫面上老鷹號的寧靜海基地著陸點清晰可見。任職於美國

阿波羅 11 號的紀念牌，現在在月球上

亞利桑那州坦佩的亞利桑那州立大學地球與太空探索學院的馬克 · 羅賓森（Mark Robinson）是高畫質攝影機的專家，他是月球勘查軌道號攝影機的主要研發人員。

在登月艙周圍的黑色區域，可以辨識出我們腳印的殘跡，而暗色的軌跡是我和阿姆斯壯在月表進行科學實驗的痕跡。約在老鷹號登月載具的東方，還有一道通往小西（Little West）隕石坑的足跡。在我們兩個半小時月球漫步的最後，阿姆斯壯走了這一小段路，瞧一眼隕石坑的內部。這是我們從著陸點向外探索的最遠距離。總體而言，我們在月球揚起灰塵的痕跡範圍，比一個普通城市街廓還要小。

羅賓森指出目前這些從地球發射的設備已經在月球上待了 40 到 50 年。他說，在輻射、真空、溫差和微小隕石

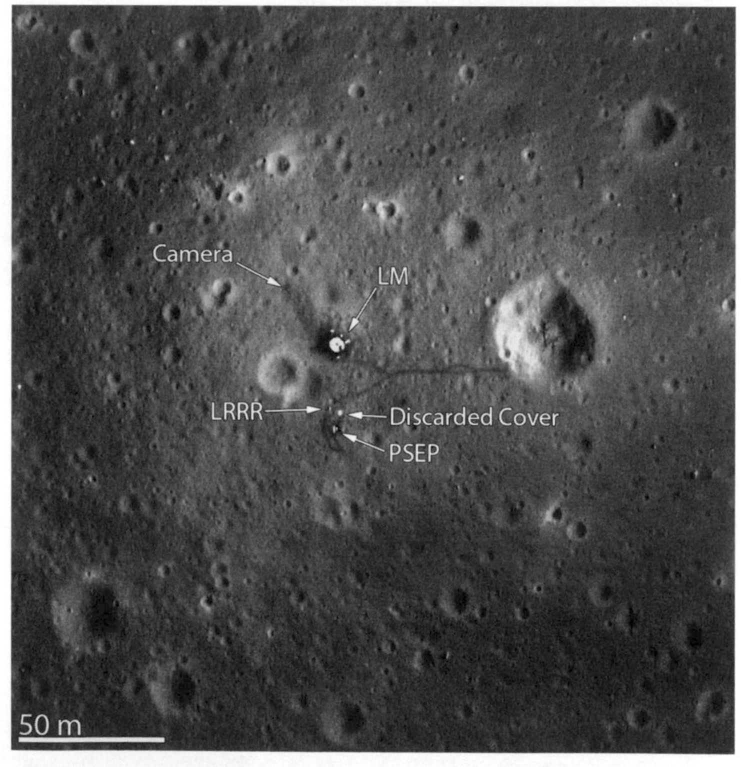

阿波羅 11 號登月艙著陸點（LM），包括月球測距後向反射器（LRRR）和被動地震實驗套件（PSEP）

撞擊之下，這真是一項長時間暴露的材料學實驗。

電子裝置的損壞情況如何？光學儀器呢？塗料？鍍膜？金屬？合成材料？羅賓森表示，未來幾年現地觀察的結果，以及取回的少量這些材料，對建造月球硬體設備的工程師會有很大幫助。他指出阿波羅船員拋棄的垃圾袋可能成為個有趣的生物實驗，是否有任何微生物仍然存活在留在月球的垃圾和人類排泄物中呢？如果有，我們是否能觀察到適應惡劣月球環境的證據？

2012 年 5 月，NASA 和加州 Playa Vista 公司的 X 獎基金會共同宣布舉行 Google 月球 X 獎（Google Lunar X Prize），總獎金 3000 萬美元，參賽隊伍必須是私人資助的隊伍，由第一個發送機器人到月球的團隊獲勝。該競賽也認同 NASA 在保護月球史蹟與保存現行以及未來在月球上進行的科學研究的指導原則。

我在想，這些團隊派出的機器人說不定能找回艾倫 ‧ 薛帕德在阿波羅 14 號登月任務中擊出的高爾夫球。

有這麼多隕石坑，說不定他是一桿進洞呢！

小布希的做法

2004 年 1 月，小布希總統讓 NASA 上緊發條，他的太空願景是為了未來探索火星和其他目的地，計畫要先重返月球。小布希的太空政策最主要的目標，是讓美國太空人最早在 2015 年、最晚 2020 年重返月球。

小布希將月球描繪成一個資源豐富的地方，強調這裡原料容易取得，有機會開採並加工成火箭燃料或供呼吸的空氣。「我們可以利用在月球上的時間來開發和測試新方法、技術和系統，這能讓我們在其他更具挑戰性的環境裡正常運作。月球是達成進一步進展和成就的合理步驟。」他在陳述自己的太空政策時說道。

要滿足小布希的太空工作目標，需要昂貴的新火箭——戰神一號發射器和一艘資金沒有著落的大型推進器戰神五號——以及一架新的登月艙，這就是所謂的星座計畫中的所有元素。

小布希的計畫迫使太空梭在 2010 年除役，讓資金轉用於重返月球的計畫，但還有其他連帶產生的事項。太空梭除役後，前往國際太空站的載人太空飛行產生很大的斷層。建造太空站花費了約 1000 億美元，如果沒有太空梭，只能依靠俄羅斯的幫助才能前往。

最終，星座計畫明星設備的資金無法到位，以 NASA 有限的經費來看，這根本是不可能執行的政策。

如今，將近 45 年後，我能從和 1969 年太空競賽年代的不同角度來看月球。我設想中 21 世紀的月球，可以變成一個「國際月球發展局」。這個實體機構能為建立基礎設施布局，不僅讓商業的民營團體開發資源豐富的月球，也促進國際間的合作關係。

美國可以主導成立一個月球聯盟（自動化的機器人基地大樓），廣邀中國、歐洲、俄羅斯、印度、日本和其他國家的人才，在月球上建立一個固定的永久據點。此外，美國在這麼做的同時，還可以更熟練自己的技術能力，為最終以火星為家做準備。

近幾年來，我一直和一群工程師和科學家並肩合作，他們參與了一項重要的倡議：「國際月球研究基地」。該基地會先設在夏威夷，再移往月球。執行這項工程的是「太平洋國際太空中心探索系統」（Pacific International Space Center for Exploration Systems，簡稱 PISCES）。他們的目的很直接：PISCES 會推動月球表面系統等硬體的

建立國際月球營地

開發，包括能源生產和儲存、回收、建築或採礦，並且開發許多資源利用的技術和方法。在這個基地工作的人有個口號：「塵土變衝勁」。

夏威夷和月球，這樣的連結喚起了許多回憶。1960 年代，我執行阿波羅 11 號任務前，NASA 就是利用夏威夷大島上茂納開亞火山的平緩斜坡，作為阿波羅太空人的訓練場，幫助我們體驗月球表面的可能情形，以及進行任務的最佳方法。事實上，在地球上我們受訓過的所有地點中，大島最像月球。

提議中的國際月球研究基地可能成為獨特的跨國設施，一開始先在地球上測試，之後複製到月球上。這項行動的核心目標是讓美國獲得遙控機器人系統的技術，這是很有用的知識，可用於與居住艙聯繫、執行居住艙維護任務、建立科學實驗，以及指揮準備在月球上開採的移動式探勘設備。

幾十年前，要做到這些我們只能把人類送上月球，但是將人類和腦力投入在這方面是很昂貴的。今天這已不再是唯一的選擇。

遠程機器人的進展，將能在月球上重現人類的認知和靈巧，在地球上已是一個成長極為快速的產業。我們利用人為控制的自動機器，投身到偉大的海洋深處，機器設備也能取得危險礦區的資源。天空中正有愈來愈多遠端遙控的飛行器正在遨翔。甚至是高精密度的外科手術也是由醫生透過遠程機器人，為遠處的患者開刀。

藉由遠程機器學，人類的認知和靈巧能以光速觸及月球。太空探險隊員可以安全地藏身在位於地月拉格朗奇點的高科技居住艙內，遠端遙控部署在月球上的系統。

在夏威夷基地展示遠程機器人的技能後，這個準備延續人類在月球上活動的過程也受到驗證。這個無與倫比的中心將激勵並訓練我們急需的新一代工程師、科學家和企業家，他們預備要承擔發展太空邊境的挑戰。根據我的親身經驗，在成果最豐碩的時刻來臨之前，往往是挑戰最多的時候。

作為一個建立在地球上的原型，跨國性的月球基地將幫助我們找出未來人類的前進火星和居住在火星上需要準備什麼。

整合各方努力

我和阿姆斯壯踏上月球表面的寧靜海基地，實現了人類幾世紀以來的夢想。如同裝在我們登陸載具梯子上的紀念牌所寫的：「我們代表全人類為和平而來。」那真的是一小步沒錯，但我們還需要跨出更多步。我們沒有充分的理由放棄人類永久居住火星的長遠目標。因此，要跨大步到火星，我們必須十分小心運用珍貴的經費資源，不要分散到月球上。

美國的月球經驗比其他任何國家都多，我們在 1960 和 1970 年代投入鉅資才得到這樣的領導地位，因此平白拋掉這些投資是很荒謬的。不過我們現在需要做的是培養在地月 L1 和 L2 點生存的能力，這是以天平動（libration）移動的入口港（gateport），能讓美國利用機器人在月球上一塊塊組裝居住硬體設備和居住艙。美國的太空計畫應該是幫助其他國家實現我們已經完成的。

我在第三章提到的拉格朗奇點，是太空中重力和物體的軌道運動互相抵銷的地點。法國數學家路易 ‧ 拉格朗奇在 1772 年發現這些區域。他對「三體問題」的重力研究指出，一個小質點會繞行兩個運行中的大質點。地球－月球系統有五個拉格朗奇點，太陽－地球系統也是。因為有了兩個大質點重力的牽引，太空船可以逗留在地月拉格朗奇點上，不過太空船還是得使用少許火箭動力才能留在同一地點，或控制在暈軌道的路徑上。

地月拉格朗奇點 E-M 1 和 E-M 2 是變動的 L 點，這些點結合了地球和月球的引力，讓太空船得以月球軌道上同步繞行地球。換句話說，太空船看來就像懸浮在月球的背面。在這個位置的人員能有連續的視線，可以同時看見月球背面和地球。

位於行星之間的入口港會在拉格朗奇點上繞行。

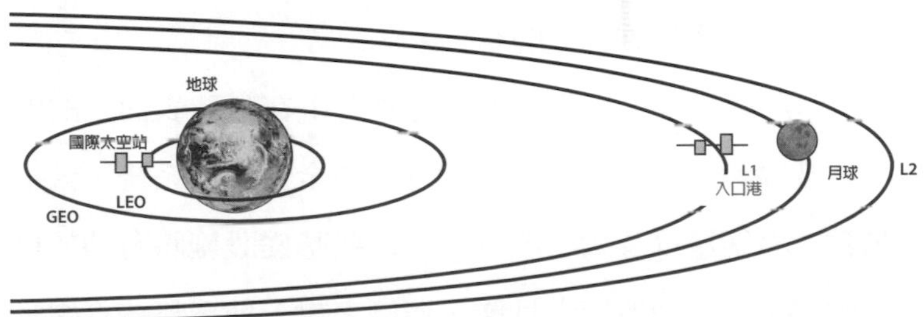

引力的平衡讓 L1 成為關鍵的會合點。

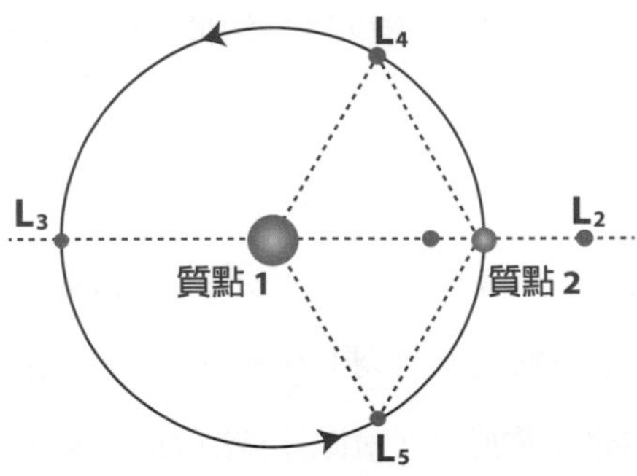

拉格朗奇點的物理作用。

從地月 L2 點來看，我們可以在月球背面安置月球望遠鏡，透過這個設備可觀察到宇宙剛形成的最初 1 億年的情況。沒有大氣干擾以及地球上的雜音和靜態廣播屏蔽，這個位於月球背面的極端「無線電寂靜」地帶，提供了靈敏的望遠鏡觀測的絕佳環境。

太空人在地月拉格朗奇點操作遠程機器人設備，組裝月球上的基礎設施、執行月球表面科學研究、偵察和發掘重要的月球資源。這種能力是創新的進展，重新界定了「探索」這個詞的意義，而且它也是我們在火星及其衛星執行類似操作的強大墊腳石。

作為第一步，我建議美國先建造不在月球表面上的的月球基礎設施，包括一個繞行月球的全月定位系統、天平動點中繼衛星以及太空燃料庫。這些基礎設施將有助於更有效率、更詳細地探索月球。舉例來說，地球無法直視月球背面而阻礙與之接觸，建立一套月球通訊系統就可以解決這個難題。一對繞在地月拉格朗奇點 L1 和 L2 的暈軌道上繞行的通訊衛星，可以在月球軌道為月表大部分區域的太空船提供無死角的無線電訊號。

這個「按位元付費」的月球通訊系統將提供給所有國家，可用來處理欲送回地球的科學數據，包括四處移動、透過遠程遙控的漫遊車，和在月球背面進行採樣回送任務的機器人。首先要發展月球通訊網絡，採用所有用戶通用的頻率，以供月球導航系統遵循。

我知道那個地方。在月球上工作並不容易，面對的是缺乏參考點和地標的環境。月球這麼小，地平線也特別近，使得月球表面的導航相當不易。很容易在月球表面上迷路，尤其當你處於崎嶇的地形，而這些地方往往最具研究吸引力。

可以利用一組衛星（也許四顆或五顆），組成月球的導航系統。它們能提供所需的精確導航，讓月球研究更有效率與安全，無論是遠端遙控探測器還是太空人的探索。

開發這種基礎設施，需要建立一個致力於培養整合國際努力的新組織，以進一步探究和開發月球。

鼓勵合作

由於在月球上發現水的刺激，月球探測大有復甦的氣勢，不僅僅是美國。有幾個國家也在關注月球，包括中國、印度、日本和俄羅斯，以及加入歐洲太空總署的國家。不過，單獨行動的計畫可能造成大家都在做一樣的事，以及資源使用上的浪費。在這個經濟動盪的時代，太空國家都要面對經費短缺的預算。現在是分享資訊和能力，彼此倚重、降低任務風險的時候了。

要如何避免重複作業，並讓月球探測提高效率和效能？

成立一個「國際月球發展合作組織」（International Lunar Development Corporation，簡稱 ILDC），宗旨可設定為吸取過去任務所學到的經驗，就像國際地球物理年一樣，我們也能串連國際太空站和其他領導機構，例如國際通訊衛星組織（Intelsat）和歐洲太空總署。

太空合作應成為新的常態。儘管美國和前蘇聯之間的冷戰僵局是 1960 年代太空競賽的特點，但俄羅斯現在已成為國際太空站（集合 16 個國家的努力）的重要伙伴。現在是激發國際社會共同探索和開發月球的時候。別再想太空競賽。那個模式已經過時了。

ILDC 將不再只依賴單一國家的資金和技術。更重要的是，它的組織結構讓它能輕易與民營公司合作，並利用私人的資金。ILDC 不僅應該具有與私人公司簽約以取得服務和貨品的彈性，甚至還要能與私部門結盟、形成伙伴關係。事實上，我將 ILDC 視為月球導航和通訊服務的基礎客戶。

ILDC 的標誌將是鼓勵合作和減少重複努力。會員資格將開放給所有國家，因此等於實現了阿波羅任務的承諾，也就是要讓所有國家都有參與月球探索的途徑。為了有效利用月球，可以互相交換貨物和服務，讓中國、印度、日本和其他國家的機器人和人員載具也能登陸月球，對於他們來說這能建立威望。太空一直是個交易的場所，這也是國際太空站設立和運行時使用的「選定貨幣」。

那麼，美國可以換到什麼？美國對基礎建設的貢獻，可用來交換其他國家登陸月球的座位，也就是交換攜帶美國人上月球並返回的機會。重點是要避免把美國納稅人的錢花在把美國人送上月球。我們只要換東西，同時提升我們談判的能力。

美國應該要換的是，成為這個開發月球的國際活動的領導者，而不是把錢花在把美國的政府人員安插在月球上。我們沒有必要花錢建造登月載具，做其他我們以前已經做過的事情。我們應該把目標限定在能在月球表面上盡責地進行科學、商業和其他私部門任務的機器人上。我們必須提供不在月球表面上的月球基礎設施，並讓其他國家（中國和印度等等）使用，以換取他們登月載具上偶有的座位。簡單地說，就是不要再派 NASA 的太空人上月球了！

我們必須把資源省下來，往人類在火星上永久居住的方向前進。

地段是關鍵

基於許多理由，我預料在地球的南極洲所發生的事，可以作為月球前哨站的借鏡。

自 1956 年以來，美國人一直在研究南極洲，以及它和地球其他部分的交互作用。來拜訪的學者從各個角度進行研究，包括冰川學、生物學和醫學、地質學、地球物理學、海洋學、氣候研究、天文學和天體物理學。承包商和軍隊單位則支持這些全年運轉的研究站，包括帕默研究站，阿曼森－史考特南極研究站，以及美國在南極洲的主要研究站：麥克墨多研究站。如今，美國南極計畫共有約 1600 名男女研究人員，創歷年新高。

美國南極計畫的口號：支持南極洲暨周遭水域的科學研究，以促進與其他國家的合作研究、保護南極環境、保

偏僻又遙遠：南極洲的阿曼森－史考特研究站

育生命資源為目標，已被美國國家科學基金會採用。

我自己到南極的時候，可以清楚看出這個在冰冷荒原上進行 50 多年的研究，和等著我們的月球有很多相似之處。還有很多人渴望前往南極進行研究任務，尋找問題的答案，以導向新的追尋。在探索的意義上，月球和南極一樣複雜、值得注意和蘊藏豐碩成果。

舉例來說，過去幾年來，許多不同方面的證據都指向月球上有水的存在。例如印度太空研究機構的錢卓揚一號（Chandrayaan-1）太空船攜帶 NASA 的月球礦物繪圖儀（Moon Mineralogy Mapper），發現月球表面有水的證據。2008 年錢卓揚一號的月球撞擊探測器（Moon Impact Probe，簡稱 MIP）撞上月球時，也偵測到外大氣層的「水雲」。MIP 發現的很可能是移動中的水，它們聚集在超低溫、永存於陰影下的月球隕石坑。

接著是 2009 年，NASA 的月球隕石坑觀察與感測衛星（LCROSS）的半人馬座上升節在刻意安排下與月球強力撞擊時，觀測到水蒸汽和冰粒揚起。

這裡是南極和月球之間另一個吸引人的連結。夏克頓隕石坑是月球南極一個龐大而深刻的撞擊坑，這個隕石坑是為了紀念勇敢的盎格魯－愛爾蘭探險家厄內斯特 · 夏克頓（Ernest Henry Shackleton），他探索的年代後來被標記為南極探險的英雄時代，從 19 世紀末到 1920 年代初。

2008 年 10 月日本的月神號（SELENE）太空船配備的地形相機（Terrain Camera）對隕石坑的陰影部分進行掃描，幫助測量夏克頓隕石坑的坡度和主峰。NASA 在 2009 年發射的月球勘查軌道號（Lunar Reconnaissance Orbiter）接續觀測工作，在利用雷達和其他多種感測器觀測夏克頓隕石坑上分擔了重要工作。

夏克頓隕石坑寬度超過 19 公里，深度超過 3.2 公里，約和地球的海洋一樣深。隕石坑邊緣的山峰幾乎一直暴露在陽光之下，而內部則是永遠的陰影。總和這些迷人的特質，隕石坑的邊緣成為國際月球研究基地的理想場所。夏克頓隕石坑同時擁有近乎永夜和永晝的區域，而後者正是太陽能驅動的太空站所需。就像地球上的房地產一樣，地段是一切的關鍵。

夏克頓隕石坑在沒有太陽照射處有水冰，讓我們有了能夠開採這些冰冷沈積物的希望，這是地外生活必須的日用品，將大量減少從地球運水到月球的需要。它不僅可供給人類利用，也能轉化成燃料。選擇這個隕石坑還有另一個優勢：它距離馬拉柏特山（Malapert Mountain）約 115 公里，地球上一直能觀測到馬拉柏特山山頂，也能利用無線電中繼站傳送訊號。

將夏克頓隕石坑作為未來的營地，目前已獲得愈來愈多支持，但是要解決冰的問題，很可能還是需要更多機器人載具實地進行調查工作。

自由企業

就像我們能在夏威夷基地打造國際月球研究基地的原型一樣，地月 L2 點上也有一組人員，將用遠程機器人一塊塊地把這個永久的設施組裝起來。美國重返月球的計畫用的是機器人，提供基礎設施和領導。這一途徑最終將刺激私部門的投入，以及以商業開採為目的的商用科學研究的發展。如果我們有一個足以提供誘因的系統，那麼自由的企業制度在沒有大規模的政府補貼下，應該也能表現得相當好。唯有美國的領導，才能創造出商業開發月球的條件。

我們必須作出選擇。身為一個國家，我們可以袖手旁觀，什麼也不做。或者，我們可以站在一般認知的立場，接下領導的角色，就像我們在 1960 和 1970 年代為自己開創的。

在我的分析裡這是非常重要的，永遠不要忘記阿波羅任務肯定了美國在太空的領導地位這個事實。阿波羅任務也激發新一代追求科學和工程志業。我們不該再涉入第二場月球競賽，我們 40 年前就贏得比賽了。我們應該幫助其他人發展他們在太空的優勢，同時聚焦在我們的長遠目標：人類在火星的永久存在。

毫無疑問，有關月球的新發現就在眼前。

這也是德州休斯頓月球與行星研究所（Lunar and Planetary Institute）的資深科學家保羅・斯普迪斯（Paul Spudis）的感觸。他指出月球又近又有趣，而且非常有用。只要發射火箭，從地球航向月球只需要三天。此外，月球蘊含行星歷史、演變和過程的紀錄，這在地球或其他地方是找不到的。實用性方面，在月球進行的計畫能排除未來行星任務（例如載人到火星或小行星）的風險，幫助我們提升太空技術，並測試未來旅居深太空所需的探索設備。

這一切可用斯普迪斯說明月球探索的這句話來總結：「到達、生存並茁壯」。

斯普迪斯用他協助發展並操作的繞月太空船儀器所收集到的數據進行細部研究，揭露了一件事：最起碼在月球的北極存有大量的冰。他估計有 6 億噸，要是轉換為液態氫和液態氧，相當於讓一艘太空梭每天飛行 2200 年所需的燃料。

水是目前月球上取得最方便、最有用的物質，能用來建立地球和月球之間的基礎運輸設施。斯普迪斯認為在月球上建立永久的據點，對很多有著不同目標的團體開啟了太空新疆界。藉由創造可再用、可擴展的地月太空探索系統，就能在太空中建立一條「橫貫大陸鐵路」，連接地球和月球這兩個世界，也能到達兩者之間的地點。

我和斯普迪斯抱持相似的觀點。未來的月球前哨站是國際化的，是一個科學、探索、研究和商業活動的共用設施。

執行阿波羅 17 號任務的地質學家哈里森 · 施密特（Harrison Schmitt）是最後一個踏上月球表面的人，他主張、也大量撰寫有關開採月球上的氦 3 元素的文章，好在地球上生產具經濟效益的融合能量。他主張建立公共和民營企業伙伴系統，到月球萃取這種非放射性的同位素。

老經驗的太空企業家丹尼斯 · 溫格（Dennis Wingo）也贊同這個觀點，他是 Skycorp Incorporated 的執行長，這家小公司位於 NASA 在加州莫菲特場（Moffett Field）的艾姆斯研究園區（Ames Research Park）。

「思考可以在月球上做什麼，比抱怨遇到多少困難要實際得多，」溫格提到。他堅信月球有極大的經濟潛能，接下來要決定的只是該如何利用月球來解決 21 世紀的問題，那就是設法維持並擴展地球上這個在未來短短一個世代之內就會到達 90 億人口的文明。

「我堅信美國第二個太空時代必要且合理的首要目標，是月球的工業化。」溫格堅持。「現在就可以發展月球及其周圍太空環境的工業能力，月球的工業化為可重複使用的載人行星際太空船、大型通訊和地球同步軌道的遙感平台，以及在火星定居，鋪出一條大道。」

建構新的月球願景

很多人都在設想像月球上可以進行哪些開創性的活動，但我可以證明月球事實上是灰塵的樂園。你在那裡停留的愈久，你的頭盔和靴子就會積愈多月球灰塵。

不過，儘管看來很骯髒，由岩石和礦物碎片組成的月球表土卻含有豐富的矽、鋁、鎂和其他有用元素，而且可以有效提取。休士頓大學先進材料中心的亞歷克斯・伊納蒂耶夫（Alex Ignatiev）和亞歷山大・弗朗依德里希（Alexandre Freundlich），是研究在月球上利用月球資源產生能源的兩位先驅。由於能源幾乎對所有人類想要在太空進行的活動至關重要，無論是科學目的、商業開發或人類探索，因此他們正在月球上尋找可以用來製造太陽能電池的原料。月球是超高真空的環境，因此很適合用來直接生產太陽能電池薄膜。月球上的真空免除了薄膜沉積程序所需的真空室。

研究人員認為在月球上製造太陽能電池以運用在月表和地月之間的太空，這項能力可能使月球成為能量極其豐富的環境。

伊納蒂耶夫和弗朗依德里希已經開始研發能直接在月球表面沉積製造太陽能電池所需的機器。這可以藉由在月球表面部署一個中等大小的電池板攤舖機暨風化層處理系統來實現，這部機器具有製造矽太陽能電池薄膜的能力。

該系統可以從月球風化層中提煉所需的原料，並將風化層加工以作為基質。

攤鋪機用來讓太陽能電池結構所需的矽半導體材料直接蒸發在風化層基質上，最後鍍上金屬電極和連接材料，即完成完整的太陽能電池陣列。

只要製造更多的太陽能電池，這種在月球現地製造的方式就能提供可修復和可更換的電力系統，因此能在月球上擴大使用。

這些對另一個月球遠見是個好消息。休士頓大學太空系統運作研究所前所長大衛・克里斯威爾（David Criswell）一向主張在月球建立太陽能發電站，提供永

月球前哨站想像圖，圖中顯示圓形太陽能電池板與管狀居住艙

動力漫遊車可以月球上採集用來製造太陽能電池的材料。

續且可負擔的電力回地球。真空的月球可接收超過 1 萬 3000 兆瓦的太陽能，只要能利用其中的 1%，就能滿足地球的能源需求。

克里斯威爾推動月球太陽能發電（LSP）系統，這能在月球上大量運用太陽光製造太陽能電池，接著再利用微波束將能量傳回地球上的接收器。地球上收集微波能量後會轉換成電力，供給本地的能量網格。他認為可以擴大 LSP 在月球的規模，產生可供 100 億人口使用的 20 兆瓦電力。

「人類最關鍵的新領域，是有經濟效益地開發月球的太陽能和材料資源，」克里斯威爾做出總結。

正如我前面說的，月球如今與我和阿姆斯壯在上面漫步的時候已經完全不同了。在科學上，我們對這顆被地球重力抓住的鄰近星體的了解比以前多了很多。也許有人會質疑我們最初進行這趟旅程的前提，那其實是時代的產物，也就是冷戰，為了贏過蘇聯所採取的方式。月球就是終點線，阿波羅的策略就是完全為了太空競賽，要以最快的速度去到那裡，絲毫不浪費時間開發什麼可重複使用性。

太空探索的歷史章節已經結束。今天，我呼籲整合國際努力來探索並利用月球，這樣的伙伴關係會需要商業企業和其他奠基於阿波羅任務的國家參與。

對美國來說，另一條終點線已經在等著了。

小行星可能富含資源，但也可能威脅地球

第五章

航行到世界末日

有一個我們在不久的未來都要面對的議題：永續性。目前地球人口已經超過 70 億。在消費方面，地球不足以提供快速成長人口所需的資源。同時，即使我們盡最大努力維護全球安全，地球生態圈的破壞也轉嫁為威脅人類的環境問題。

我們要繼續競爭地球封閉系統內日益減少的資源嗎？還是要轉個方向，我們一起利用開放且廣闊的外太空系統中的無限資源與機會？

嗯，對我來說，最好的選擇是顯而易見的。

目前威脅地球生命的事件其來有自，而且還有我們無法預測且迴避的威脅。明顯的策略是著手增強人類的生存能力，我們可以探索和落腳在新的世界，建立全新據點和新的開始。這得藉由一步步的移動，我再次以水星、雙子星和阿波羅計畫為例子，這些進展能讓我們深入太空和積累人類登陸火星的必要知識。

這正是我的太空統一願景的根基，它將保留我們在太空探索和載人太空飛行的領導地位。這個願景同時引進探索、科學、開發、商業和保安要素。我認為安全要素同時包括美國國防和宇宙外來物：免於近地天體（NEO）威脅

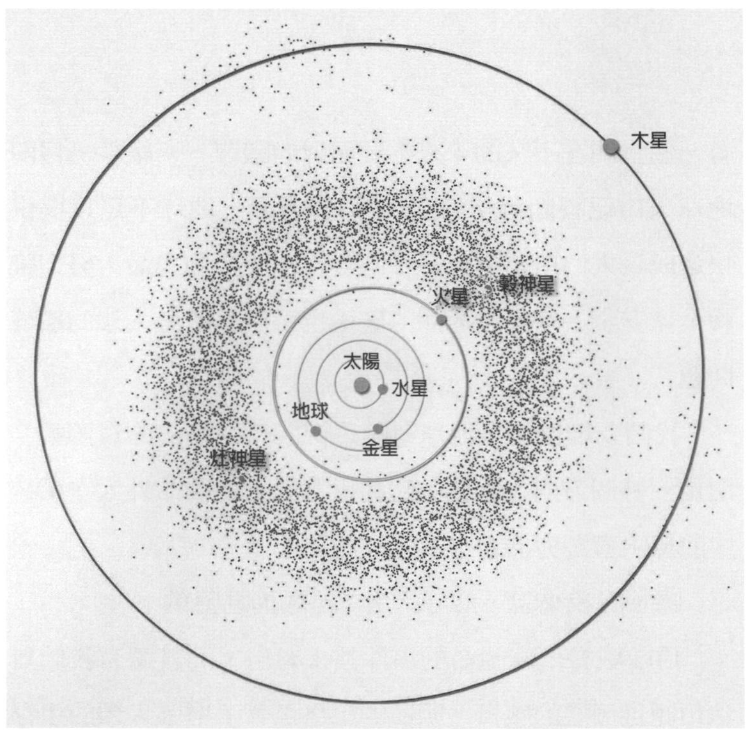

小行星帶與近地天體（NEO）

的行星防禦。

為我們的地球建立行星防禦，代表需要了解敵人。我現在說的不是國家之間的鬥爭，我在此強調的是來自小行星和彗星的天體威脅因子。

不斷有 NEO 被鄰近行星的重力吸引而進入軌道，因而進入地球所屬的太陽系附近。我們應該在科學和實際層面進一步了解這些地外漂流物，我相信太空統一願景的探索、科學、開發、商業和保安本質，與研究 NEO 的要旨相符合。

2010 年 4 月歐巴馬總統重塑美國的太空探索計畫，要求 NASA 在 2020 年初進行試飛，測試和驗證飛越近地軌道所需的系統。他預計到了 2025 年，用於長途航行的新太空船可以讓美國執行首度超越月球進入深空的載人任務，將是史上第一次將太空人送到小行星上。這些深空航行揭起序幕，隨後將是人類環行火星軌道、安全返回地球，以及人類登陸火星。

NASA 為了跟上歐巴馬的太空計畫，已經開始計畫小行星的任務，這是作為探索多種深空目的地的「能力導向」策略一部分，認可 NASA 的最終目標是人類探索火星。

要成功需要適當的小行星標的，NASA 已經找出兩顆可接觸的太空岩石：小行星 2009 HC 和 2000 SG344，這是太空旅行者可在 2023-2025 年間觀察到的 NEO。不過要到達那邊的需要特定技術：先進的太空推進器、提供人員適當居所的深太空探索艙、輻射防護和自動化作業。一個專門編組的 NEO 載人任務將會檢查、驗證新的深太空系統。以我的看法，最重要的是要提升 NEO 探索成員在目的地執行任務的能力，同時也要隨著每前進一步，就提級我們的技術能力。

讓我們來看看和 NEO 密切相關的探索、科學、開發、商業和保安部分吧！

首先是近地天體持續撞擊我們的世界，而且未來還是會發生。NEO 能撼動、但也能塑造我們維持生命的生態系統。為了確保生存和保證人類進入太空，我覺得正視可能撞擊地球的 NEO 是極端重要的。這樣做能讓我們掌握科技實力，不僅僅是遭遇這些近地天體，還能加以反制，這也讓我們能將太空物體用作資源和探索火星的墊腳石，從而幫助人類擴展在太空的存在空間。

長久以來，天體之間存在激烈互動。45 億年前形成的彗星和小行星撞擊地球，為早期地球帶來生命的種子，也藉由改變地球生態系而消滅生命，例如它就是假設中恐龍滅絕的原因。

我不是說我們應該為了擔心巨大的太空岩石會擊中地球而失眠。然而，我所諮詢的專家都說，雖然短期地球因

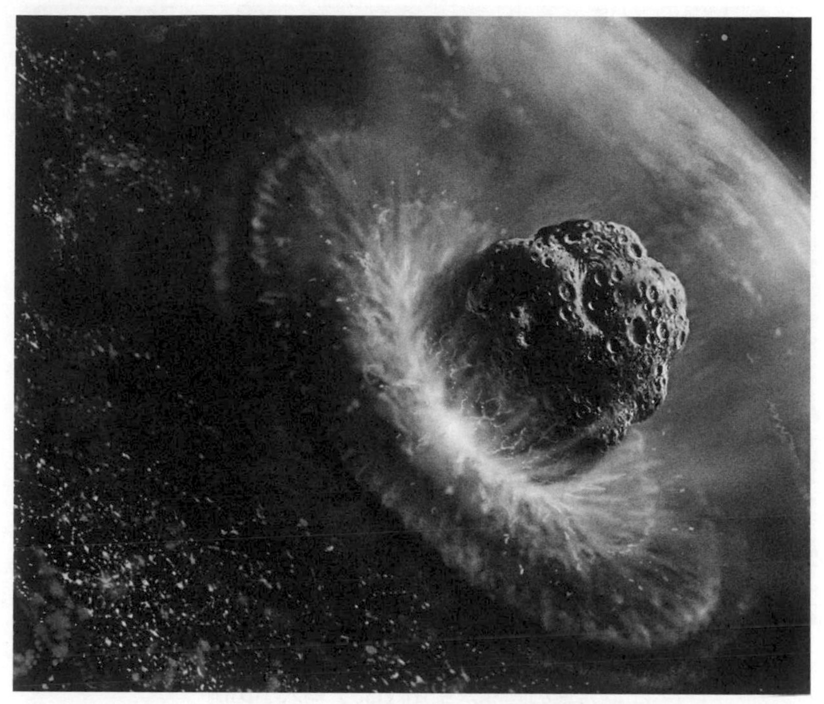

地球遭到一顆大型小行星撞擊

為 NEO 撞擊發生毀滅性影響的機率很小，但機率並不是零，而屆時撞擊的後果將會很嚴重。

先把影星布魯斯 · 威利和他的隊友在賣座電影《世界末日》中，與一顆巨大太空岩石搏鬥的想像畫面擺在一邊。事實證明，來自太空的小型小行星在空中爆炸，更令人不安。它們可能會導致局部破壞，在難以預警的極短時間內破壞我們的大氣層。

舉例來說，1908 年的通古斯卡事件是一個傳奇，一

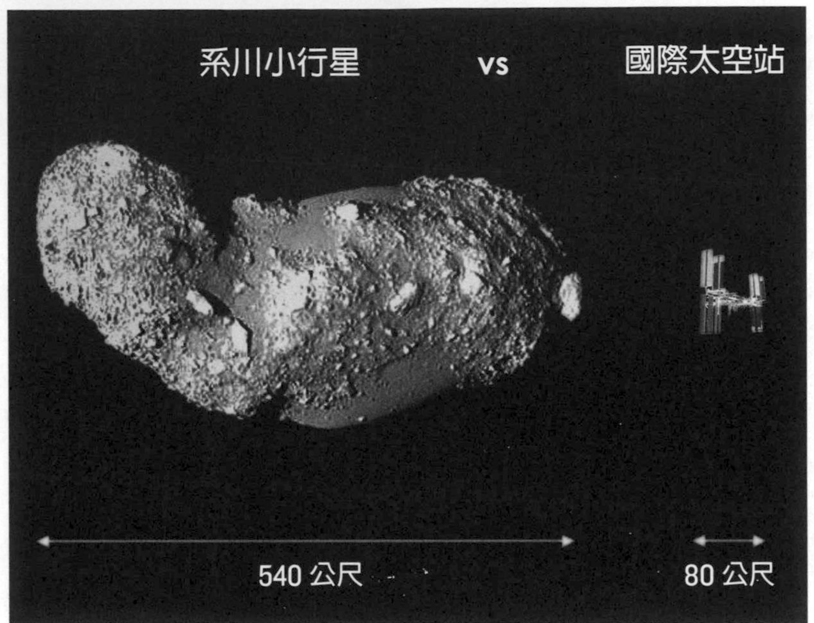

日本獵鷹號探測器調查到的大型小行星「系川」，
以旁邊的國際太空站（ISS）為大小比例

顆岩石撞擊西伯利亞地區，掃平了約 50 萬英畝的森林。美國山迪亞國家實驗室（Sandia National Laboratories）的研究員馬克 · 波士羅（Mark Boslough）利用超級電腦進行模擬，指出撞擊物體的直徑大約 130 英尺。該物體的破裂產生連鎖效應，促成迅速擴大的火球和隨後撞擊地面的衝擊波，揚起的風強大到足以吹倒樹木。由於較小的小行星接近地球的機率，比大型小行星還要高，因此偵測小型 NEO 看似必要。據估計，這些小型物體平均每隔 2 到 12 年就會撞擊地球。

比較近期一次在 2009 年 10 月，印尼的一個島嶼地區觀察到並記錄了一個火球在白天爆炸。這顆進入大氣的小行星可能只有 10 公尺寬，但是預計釋放了 50 萬噸的能量（約相當於 11 萬磅的 TNT 炸藥爆炸），震撼了他們的世界。目擊者形容出現明亮的火球，接著爆炸，並形成一道持久的塵雲。

你很容易就能拜訪含鐵小行星的撞擊地點，就在亞利桑那州的溫斯洛附近的巴林杰（Barringer）隕石坑。它大約在 5 萬年前形成，位於科羅拉多高原南方的平坦沉積岩上。當時這顆地外侵入者撞上地球後，在幾秒鐘內讓高達 1 億 7500 萬公噸的岩石被拋向空中，掉落在隕石坑邊緣。

恐龍在距今 6500 萬年前的白堊紀消失的原因還在爭論中，不過愈來愈多的共識認為，是一顆大型小行星撞擊導致牠們的滅絕。這個觀點讓科幻作家拉瑞・尼文（Larry Niven）有了感觸，他說：「恐龍滅絕是因為牠們沒有太空計畫，而如果我們滅絕也是因為我們沒有太空計畫，那是我們活該！」這就是洞察力，我無法說的比尼文更白話了。

調查近地天體

要記得地球表面約 75% 被水覆蓋。如果一顆中等大小的

亞利桑那州的一個隕石坑：小行星撞擊的遺跡

西伯利亞的森林殘骸：1908 年一顆小行星撞擊的結果

小行星衝進深海水域，會有什麼後果？

位於亞利桑那州土桑的行星科學研究所的已故資深科學家伊麗莎白・皮耶拉佐（Elisabetta Pierazzo）所做的研究，顯示出一些壞消息。她的研究指出，要是小行星撞入深海，可能會引起全球劇烈的環境影響，包括保護地球的臭氧層會持續衰竭好幾年。

長期以來研究中等大小的小行星對海洋影響的焦點，都是擺在引發區域性海嘯的危險。但是皮耶拉佐利用電腦模擬情境，檢視撞擊對大氣臭氧層的影響。結果顯示一顆 1 公里寬的小行星撞擊中緯度海洋，會導致全球上層大氣層的化學變化，包括全球多年臭氧層的縮減。

皮耶拉佐發現 NEO 撞擊會快速排擠海水，內含水汽和諸如氯和溴的化合物，更加速臭氧層的破壞，這些都會影響大氣化學。她發現長時間移除大量上層大氣層中的臭氧，對地表生物有重要的影響，例如到達陸地的紫外線會增加。

所以無論它是撞擊陸地、空中和海裡，我們都該了解 NEO，我相信這是太空計畫待辦清單上的優先事項。在行星防禦方面的整體結論是：在它們撞上我們之前，先找到它們。

藉由利用以地面和太空為基礎的技術，人類確實有能力預測大規模撞擊，要避免撞擊發生則是另一回事。保護生命免於此類險惡事件依然一種環境挑戰，而且必須整合技術、太空政策和國際參與以發起全球回應。

有幾位太空航行同事一直保持對近地天體的興趣。

處理 NEO 難題的一位領導人物是羅斯替 ‧ 史威卡特，他是阿波羅九號太空人，也是 B612 基金會的名譽主席。這個基金會在 2012 年宣布他們的目標是籌措資金、建造、發射和經營全世界第一個私人出資的深太空望遠鏡任務。這個計畫稱為「哨兵」（Sentinel），將會識別近地小行星在目前和未來的位置和軌跡。這個任務需要在繞行太陽的軌道上設置一架太空望遠鏡，將由科羅拉多州波爾德市的波爾航太公司（Ball Aerospace）製造，最遠距離地球 2 億 7200 公里，將用於偵測和繪圖任務。

哨兵在技術上似乎可行，預計在 2017 年發射，藉由提供小行星的早期預警來保護地球。B612 基金會和波爾航太公司已經開發出一套非常可行的方法，可找出並追蹤近地小行星。此外，NASA 也和 B612 基金會擬出一份太空行動協議（Space Act Agreement），以追尋在太空中偵測新 NEO 標的的創新探測技術。

「這是史上第一次，B612 哨兵任務會把我們所在的內太陽系繪製成一份全面性的動態地圖，說明地球本身、我們的鄰居有哪些，以及我們要去的地方等重要資訊，」史威卡特提到，「我們將會知道哪些小行星將靠近地球，以及這些具威脅的小行星何時會撞上地球。小行星的好處是，一旦找到它，並確認出它的軌道，就能提早 100 年預測它是否有撞擊地球的可能性。」

曾執行俄羅斯聯合號太空梭和太空站任務的退役太空人盧傑（Ed Lu），是 B612 基金會的主席兼執行長。卓越的 B612 哨兵任務將已開始萌芽的商業太空船產業擴展到深太空，這個任務將為許多其他探索行動鋪路。盧傑相信「繪製數千顆現存的近地天體將會開創新的科學資料庫，大大提高我們對地球的監管成效」。

伴隨處理小行星威脅的需求，他們的研究也會包含其他種類的重要成果。美國、歐洲和日本已經成功將飛船降

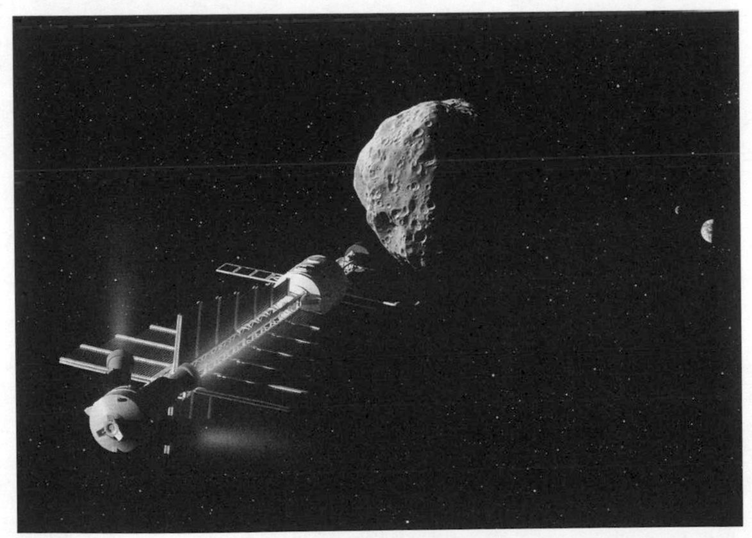

一艘機器人太空船正在探測一顆大型小行星

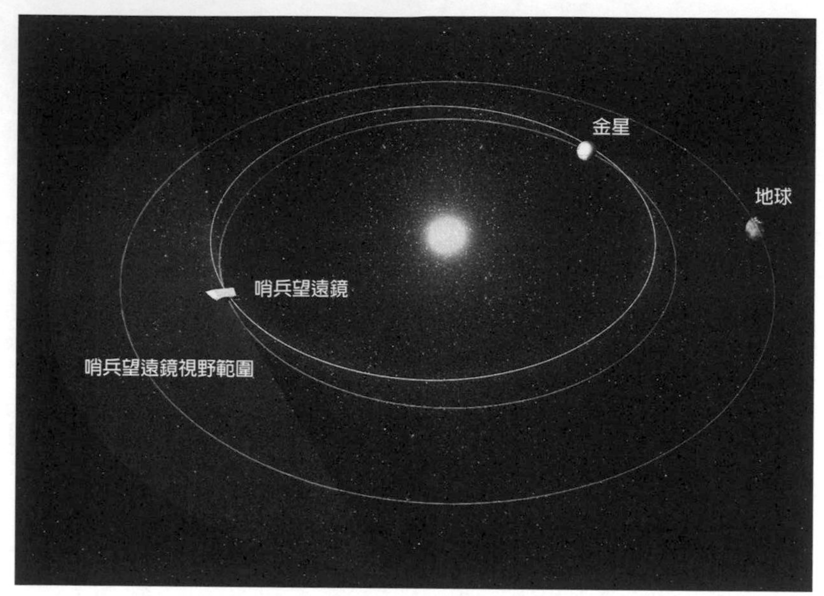

監控小行星群的民營哨兵望遠鏡。

落在小行星上，針對關鍵的 NEO，預計還會發射更多機器人探測器。

俄羅斯的工程師一直在推動利用自動飛行器，將發射器安置在小行星 99942 Apophis，以追蹤這顆具有潛在強大破壞力、直徑 230 到 360 公尺的天體的軌道。如此一來我們將能獲得這顆 NEO 非常精確的軌道，要是以後它朝向對地球有威脅的路徑前進，也能早期預警。

我們已知小行星 Apophis 的軌跡讓它會在 2029 年以極近的距離飛掠地球，事實上，它飛行的高度會比地球同步衛星還低。有些人擔心地球會牽引 Apophis，可能改變它的路徑，使得它在 2036 年撞上地球。不過專家說這種事情發生的機率非常非常微小。

我看了 Apophis 的資料後得到多方面的啟發，特別是設想太陽與地球間這條線固定的情況下，繞行太陽的地球軌道。如果這顆 NEO 的半長軸落在地球內部，NEO 會在這個圓圈內側繞幾個圈，然後來到距離地球很近的位置。繞圈的數目基本上就是它每次重新接近地球的相隔年數。

Apophis 在 2029 年飛掠地球後，由於受到重力影響，將會改變這顆 NEO 的路徑，使它的半長軸變成落在地球外。直到 2036 年，它都會連續以相反的方向在圓圈外連續繞圈。換句話說，地球的旋轉座標架構的移動會變成在 Apophis 之前。

簡單地說，Apophis 將會在地球之前對著圓圈繞圈，然後被地球影響，接著在地球軌道外對著圓圈繞圈。這就是地球重力對這顆 NEO 的影響，當我發現這一點時真的很驚訝。

這是從了解小行星的軌道以及它繞行太陽的軌道或週期中學到的寶貴一課，計算這個對於機器人或人員重返小行星很有用，因為軌道是會變動的。可以以此類推，了解一些維持長期太空計畫所需的慣性循環太空船的軌道。

太空臨門一腳

利用機器人載具探訪 NEO，可為將來人類探索特定的小行星鋪路。

在了解並處理 NEO 撞擊地球的危險後，我們可以來了解 NEO 的物理性質。要是發現有些小行星會嚴重影響我們，這樣做可以逐步提高我們有效處理近地物體的機會。此外，NEO 可以作為試驗平台，用以整合人類和機器人的能力，讓我們得以將技術磨練得更完善，以備在愈來愈遠的距離之外執行任務。

我估計，不需要強調最艱鉅的困難，人類登上 NEO 時就會理解到前往火星的挑戰。火星仍舊是明確的目的地，但是 NEO 提供了特殊、實用、激勵人心的挑戰，讓我們得以抱著這隻「太空臨門一腳」，往紅色行星推進。

NASA 艾姆斯研究中心的安東尼 ‧ 熱那亞（Anthony Genova）是我的研究同事，他也有相同的想法。人類探索 NEO 提供了寶貴和令人興奮的機會，是最終火星探險和移民的墊腳石。他也支持階段性策略，就像實現阿波羅計畫一樣，而且近地天體任務不僅能降低複雜的人類太空探索計畫的整體風險，也能減少等待下一個「新」任務所需的時間，這能提早獲得公眾對計畫的關鍵支持，要是直接執行火星計畫，將沒有任何過渡的探索成果可資期待。

雖然經常有小行星接近地球（甚至來到月球軌道以

NASA 科學家模擬與小行星會合。

內），不過更大、更有趣的小行星也許在億萬公里之外。對人類來說，這將是漫長的旅途，而且無法補給水分、食物或空氣，這種任務比過去進行的任何太空任務都要久，和定期到訪國際太空站的貨物載具完全無法相提並論。

NASA 當前的目標，在 2025 年送太空人到小行星上，是歐巴馬總統推動的核心理念。這一呼籲代表 NASA 的計畫有了重大轉變，早先的計畫是將美國太空人送上月球。

歐巴馬 2010 年的太空演說引發了將太空人送到小行

星的興趣，不僅在NASA，也包括航太界。理由是這種深太空探險不僅考驗硬體設備，也能建立我們進行長時間航行到其他目的地的信心，例如火星的衛星或火星本身。而且由人類駕駛載具航向近地天體有助提供知識，處理將來發現可能撞擊地球的太空岩石。

我稱這些小行星探險家為「NEOphytes」，他們預計人類長途跋涉到那些小行星世界中的一個，可能需要二到三名太空人，航行90到120天。往返行程則要外加一到兩個星期逗留在指定小行星的時間。

一個計畫中的NEO任務是使用NASA的獵戶座太空船進行初期的人類小行星任務，目標是普利茅斯岩（Plymouth Rock）。獵戶座太空船的建造者洛克希德・馬丁公司已經擬好計畫，並由進階規畫師喬許・霍普金斯（Josh Hopkins）設計細節。

他們構想了一項六個月的小行星任務，要將太空人送到離地球數百萬公里遠的地方，比去月球遠好幾倍，但比火星近。這需要一艘功能強大的太空船，其中有推進系統、生活空間、維生補給和安全設備，必須要能在出問題時保護船員，因為他們無法快速返回地球。

坦白說，要把人員塞入狹小的獵戶座太空艙（就算是把兩艘併在一起），實在不是辦法。我再次主張建設我們的國際太空站，我們需要利用在太空站的經驗，來建造專門載人的行星際居住艙，和專門用來載人的行星際計程車。這就是我們向外進入深太空該做的正經事。

同樣迫切的是利用地面和太空的資產，對 NEO 進行更詳細的調查，能大量擴充人類所能接觸與有探索意義的目標小行星數量。找出可接近且符合需求的足夠小行星，是人類未來任務的關鍵。雖然我們知道數千個近地天體的位置，但是人員航行所能到達的太空岩石數量與物理組成，還是非常不確定。要保證任務的最大靈活度，目前缺

太空人抓住繩索以停留在小行星表面。

人員駕駛的太空探索載具可以接近小行星。

乏足夠標的。此外，當涉及到長途的遠征計畫，小行星的尺寸非常重要。

我的建議是：我們不應該讓人員航行數個月，最後停靠在比自己的太空船還小的 NEO ！簡單地說就是，我們必須知道要去哪裡。

2011 年 7 月，《瞄準 NEO：啟動全球社群 NEO 研討會》報告出版了，這是根據當年稍早於美國喬治華盛頓大學召開的會議。該文件指出前往小行星的計畫和任務可以互利為原則交換數據。它也建議和歐洲太空總署和其他太空機構協調行星防禦示範任務。

該報告指出，必須提早好幾年發現目標 NEO，才能提供適當的準備時間，發動機器人前驅任務調查該天體、計畫載人任務，接著是將人員送上選定的天體。

但是要在小行星上作業很不簡單，因為地球到 NEO 的通訊時間會嚴重遲滯。人員離地球很遠，因此這種深太空任務需要真正的自動設備，他們的太空航行必須嚴密確保備用硬體、太空推進、維生裝置以和輻射防護罩能正常運作。不過報告中的一個重要發現是，支持太空人航向 NEO 所需的大量數據，事實上非常不足。

另外還有心理學和社會學的議題，那就是停留在 NEO 上的人員，只能擠在像獵戶座太空船那樣狹小的太空艙內。這份 2011 年的報告強調一個事實：在深太空任務中，人員沒有放棄的機會，也沒有能夠快速返回地球的精神撫慰——這一點對我的阿波羅 11 號任務，以及後來地月之間的六次飛行來說非常重要。

我認為要支持人類在地球的保護磁層之外探險，還需要付出更多的努力。另外還有生物學上的擔憂尚未解決，那就是有關太空輻射對人體的長期生理影響。

還可以討論很多有關 NEO 的「須知」。例如，在航行任務離開地球前往目標太空岩石前，到底需要多少數據？目標物體的旋轉速度、大小形狀與組成（固體岩石或碎石堆）為何？同樣困難的是發展保持接近小行星、同時不造成船員和太空船危害的方式。在這種情況，可以從太空母船派出運載探險人員和機器人工具的行動探索艙，前往小行星。這似乎是個明智和安全的策略。

即使是前往最大的小行星，人員還是必須面對如何在缺乏重力下安全著陸，在某種程度上這比較像是與目標天體「對接」。美國麻省理工學院的研究人員提議用繫繩材料做成輕量化繩網，把小行星圍繞起來。一旦完成，太空人就可以將自己綁在這些繩索上，在小行星上探索甚至是沿著表面行走。不過，除了低重力，由於物體表面分布微細的上層顆粒物質，小行星對人類和機器人探索肯定是難度很高的目標。

有一些方法可以在地球上模擬 NEO 的任務。其中一

以水下演練模擬困難的小行星探索行動。

種技術是 NASA 的極端環境任務作業（NASA' s Extreme Environment Mission Operations，簡稱 NEEMO），它是我早期在水下模擬太空漫步的延伸。跨國的潛水人員正試圖推測小行星任務會是什麼情況。這些評估的據點，是在美國海洋暨大氣總署於佛羅里達州拉哥島海岸外的寶瓶宮礁基地（Aquarius Reef Base），在大西洋海面下約 20 公尺處進行研究。

有一部分工作是開發在 NEO 低重力環境所使用的工具和技術。在小行星上工作會遇到特殊的障礙，例如地質樣品的採樣與裝袋。再次強調，鬆散物質漂走時必須特別小心，因為太空人可能只是用錘子敲擊岩石，就被推離 NEO 表面。

宇宙射擊場

面對現實吧：我們住在一個宇宙射擊場裡。要避開 NEO 保衛自己，需要仔細的研究。如果有足夠的預警時間，我們就有保護地球免於小行星撞擊的方法（恐龍可沒有這個福利），但是要採用哪種偏轉方法則仍待確定。有使用蠻力的點子，例如使用核彈將 NEO 炸成碎片。另一個比較客氣的選項是「重力牽引」，這是透過長時間的輕微推移來改變 NEO 的路徑，利用飛近 NEO 的太空船提供引力牽引。雷射或太陽光聚焦反射鏡也可用來在小行星上加熱，讓表面物質蒸發，以創造改變天體路徑的推進力。

甚至還有人談論將小型小行星捕捉並運輸至近地軌道。可以取得一顆 500 噸的小行星並放進日地或月地系統的重力平衡點。這個 NEO 移動計畫使用一個容器狀的機器人飛行器，配備太陽能電力推進系統。一旦小行星就定位，就會成為我們研究的對象，或許甚至會多了一個熱門的旅遊景點，也可將它開發為資源來源。

與小行星接觸能產生許多好處。在科學上，我們可以得知更多關於太陽系形成與歷史的資訊。在安全上，了解小行星的結構和組成並學習如何在NEO周圍操作太空船，讓我們能在遠處就轉移這些危險的入侵者。另外，有人正在評估將小行星資源用在人類太空擴展的可行性。

現在正在發展一個獨特的小行星取樣返回任務。太空船將加速前往 1999 RQ36，這是已知小行星中，在未來幾世紀裡最可能撞擊地球的太空岩石。

NASA 的 OSIRIS-REx 任務由亞利桑那大學主導，預定於 2016 年發射，在 2019-2021 年與小行星會合，接著於 2023 年帶著小行星樣本回地球。

OSIRIS-REx 是任務名稱的縮寫，代表「起源、光譜解析、資源辨認、防衛和風化層探測器」（Origins, Spectral Interpretation, Resource Identification, Security,

Regolith Explorer）。該任務將找出可用在人類探索的含碳小行星資源。太空船的另一個職責是測量雅科夫斯基效應的程度（日照能施予在太空中旋轉的天體一道很小的力）。

OSIRIS-REx 研究人員指出，當表面受熱的 1999 RQ36 到了下午，受熱面轉向繞著太陽移動的方向，散逸的輻射就會像小型火箭推進器。這個推進力道讓小行星的速度減緩，而使自己往內太陽系偏移。雖然這種推力非常微小，不過經過每一天、每一年、累積數百年的小推移，可以顯著改變小行星的軌道。更重要的是，雅科夫斯基效應可以讓朝向地球而來的 NEO 轉向成為撞擊者，或是剛好擦身而過。

預計 OSIRIS-REx 任務將提供重要數據，這是保護地球免於未來小行星撞擊的輔助工具。現在時間站在我們這邊，決策者能選定應採取什麼步驟，來減低 1999 RQ36 撞擊地球的機率。

豐富礦產

接下來的日子裡，地外採礦是拓展地球經濟影響範圍的一種方式。從太陽系的月球、火星、小行星、彗星和其他天體取得資源，是向外擴張文明的經濟動力。

已經有民間的努力正朝向如何進行太空開採任務。雖然商業計畫、資金需求和所需的技術或許已經慢慢成形，但前方還有棘手的問題，即主管機關很可能會刁難民營部門的問題：財產權和採礦權、所有權和物權，以及國際公約。

經常在科羅拉多州哥登的科羅拉多礦業學院舉行的「太空資源圓桌會議」，慢慢成為討論這些議題的溫床。沙克爾頓能源公司的營運長吉姆・克拉瓦拉（Jim Keravala）在2011年的圓桌會議上，提出一個「推進太空邊界」的詳細計畫，其中牽涉運送火箭燃料、氧氣、水和其他物品進入近地軌道和月球，並為所有航天國家服務。一個結合民間太空人和機器人的系統，將穩定提供客戶推進劑和其他材料。這個商業計畫呼籲解放月球南極長久處於陰影下的隕石坑冰晶，並加工處理這些資源。這個公司希望在近地軌道和月球上建立補給燃料服務站，為商業和政府客戶處理和生產燃料以及消耗品。

但是，未來的前景卻是有關採礦權、地上權甚至是非法占用的蒐證辯論和法庭案件。在礦業學院的圓桌會議裡，有人提出業主的所有權占了九成，不過這個觀點在與會者當中獲得同情的機會比獲得贊同的要高。

位於加拿大安大略省索德柏立的先進科技北部中心公司（Northern Centre for Advanced Technology, Inc.）的創新主任戴爾・布歇（Dale Boucher）指出一個大型礦業集團涉足開發太空資源，一定會先確保可以從中獲利。他認為各國政府應該一同創造推動太空資源開採的體制。

顯然還有很多法律問題有待解決，以往常常是用假設性前提。我自己是覺得聯合國不應該是決定未來太空探索與採礦合法性的機構。我反而覺得類似國際軌道發展局、國際月球發展局和國際外軌道管理局這樣的官方機構比較適合處理這些問題。

阿波羅 11 號任務在月球上豎立美國國旗，並非聲明「這一小步……只屬於我」。我們開了一個先例。我們還在老鷹號著陸器梯上的紀念牌寫者「1969 年 7 月，來自地球的人類第一次踏上月球，我們代表全人類為和平而來。」這些字句是要傳達我們的任務是為了探索，而非征服。

如何裁決與分配資源豐富的天體，將保持開放討論，就像字面意思一樣，我們有必要深入探討這些議題。

2012 年美國西雅圖成立的一家美國私人公司「行星資源公司」（Planetary Resources, Inc.），推動了小行星採礦的前景。這個企業團隊宣稱要在太陽系採礦，而且計畫背後有數十億美元的挹注，有製片人詹姆斯・科麥隆（James Cameron）等人的熱情支持（科麥隆是該公司的顧問）。

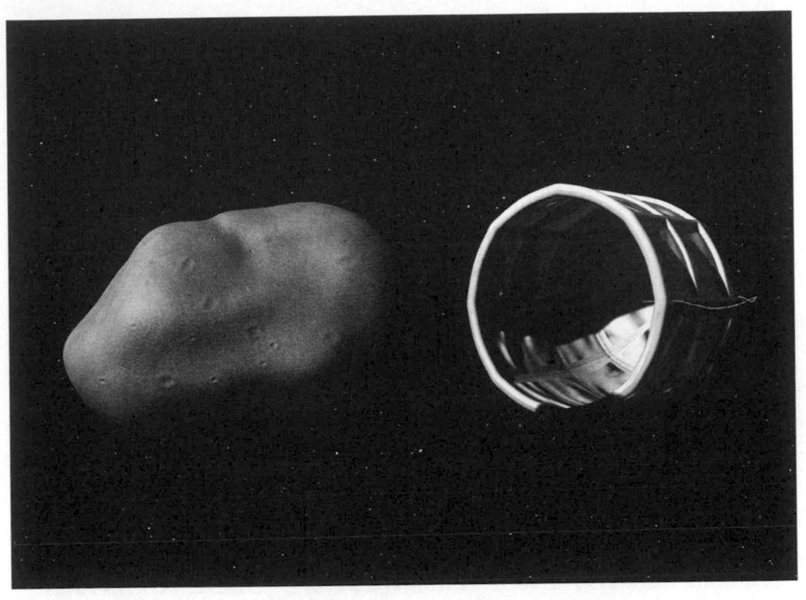

為了採礦，行星資源公司計畫捕捉近地小行星

行星資源公司的總裁暨總工程師克里斯・勒維齊（Chris Lewicki）草擬一份多管齊下的計畫，以取得近地小行星的資源。他明確指出，發展太空資源並開闢小行星揮發性的礦物和金屬資源的市場，只是龐大事業的一角。開採月球、在太空建立太陽能發電以及開創太空旅遊市場只是一些例子，將對地球上的經濟領域造成影響，並越過賺錢的同步衛星（目前的腳步停在此處），向外發展。

行星資源公司提出發展一系列低成本機器人飛行器的計畫。本質上，他們的商業計畫是要偵測、檢查和攔截小行星。第一步是探索和繪製出擁有豐富資源且可到達的小行星。經過深入研究選定的小行星，接著該公司打算發展最有效率的方式，將小行星資源直接傳送到太空或地球上的客戶。我們可以從近地小行星提取到什麼呢？

小行星是一座座漂浮的材料庫，裡面有鐵、鎳和水分，還有稀有的鉑族金屬（濃度往往比地球上高很多），例如釕、銠、鈀、鋨、銥和鉑。

這些太空岩石的組成成分有很大的差異，它們可能含有不同程度的水分、金屬以及含碳物質。有些小行星含有大量的水，有些小行星則擁有高濃度的地球稀有金屬。來自小行星的水分是太空裡的關鍵資源，不僅是太空旅行者的食物，也可作為火箭推進劑。

這樣做當然還有一個很大的好處，就是透過深太空任務的執行，最終讓我們能在火星上站穩腳跟，得以深化美國在太空的卓越地位。

因此結論是，在執行機器人或人類任務之前，先確認目標小行星的軌道和它的性質至為關鍵。舉例來說，小行星的繞行週期有多快？如何維持和小行星同步飛行（或對接）以及停靠在太空岩石的表面？在小行星表面進行的活動包括了機器人的樣本採集工作和探測器的部署（雷達、聲波、地震儀等等）、實驗和行星防禦設備。

那麼又該如何看待長期的人類行星際太空任務本身，以及太空人員、太空船系統，和位於地球上的任務控制小組所面臨的獨特挑戰？就像前進火星一樣，航向 NEO 也需要利用國際太空站，協助科技和作業策略的發展。

這裡要強調的是，人類小行星任務是一種「短期停留」的火星衛星的任務。它的眾多目的之一是演練運輸系統、調查行星天體、提升載人深太空作業的層次，以及從人員駕駛的太空船對研究天體進行遠端作業，這些都與未來的火星任務連結。

無論未來如何發展，我們需要的是一系列的步驟，將 NEO 這項天然災害轉換成踏腳石，支持我們跳進太空深處。這樣的做法，符合我的太空統一願景的上路原則：探索、科學、開發、商業與保安，並讓我們踏實地往前邁進。

巴茲・艾德林向歐巴馬總統展示火衛一的模型。

第六章

前進火星

☆ ☆ ☆

美國總統歐巴馬於 2010 年 4 月 15 日在甘迺迪太空中心做出這個宣布時，我聽得非常專心：「到了 2030 年代中期，我相信我們已經能把太空人送上繞行火星的軌道，並讓他們安全返回地球。」。

我認為要實現歐巴馬描繪的未來：人類到達火星，牽涉到一連串循序漸進的做法，第一步是到火衛一（火星的兩個衛星之一）。我們載人航行到小行星的任務，成為通往火星的階梯，因為火衛一就是像個大型小行星。

火衛一是一個分站，是地外世界第一個可持續居住的完善處所。從那個小世界中，火衛一的人員可以更直接操作火星上的機器人載具，比從遙遠的地球發送命令，有較短的延遲時間。機器人代替太空人，將在火星表面建構棲息地和其他硬體，為第一組人類成員抵達火星做準備。這是我的判斷。現在我的理論是，未來在火衛一上透過遙控機器人組裝火星上的硬體的人，也會是最適合帶領隨後登陸這個紅色星球的人。

我的登陸火星策略可能會受到質疑，因為我惹到了一些 NASA 太空計畫人員，不過這對我來說也不是第一次了。

火衛一和火衛二在某種意義上來說，就像火星的離岸島嶼，在 1877 年由華盛頓特區美國海軍天文台的阿薩夫 · 霍爾所發現。他們以希臘神話命名，火衛一（Phobos）代表「畏懼」，火衛二（Deimos）代表「恐怖」。未來這些火星衛星很可能正好象徵相反的意義：勇氣和安全。

就像我們自己的月球相對於地球一樣，火衛一和火衛二也是因為與火星同步自轉，永遠以同一面面對火星。

火衛一是最靠近火星的衛星，直徑只有 26.9 公里，不過是兩顆裡較大的一顆，更小的火衛二寬度只有 11 公里。科學上來看兩顆衛星都很特別，關於它們來自何方一直有爭議，例如它們怎麼到那裡的？猜想它們是被捕獲的小行星，或是與火星共同形成，仍在爭論中。這兩個星體的存在是宇宙偵探故事，我們需要更多線索來釐清它們的真實性質。

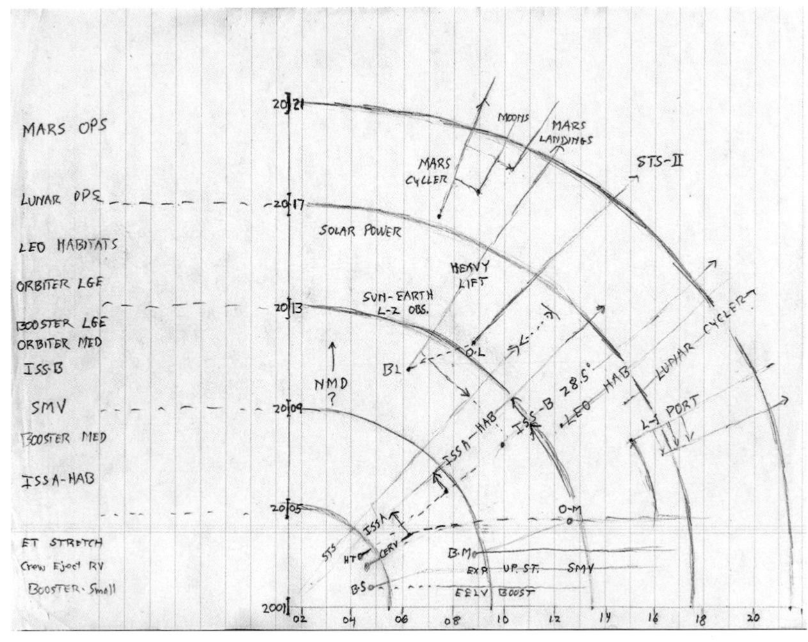

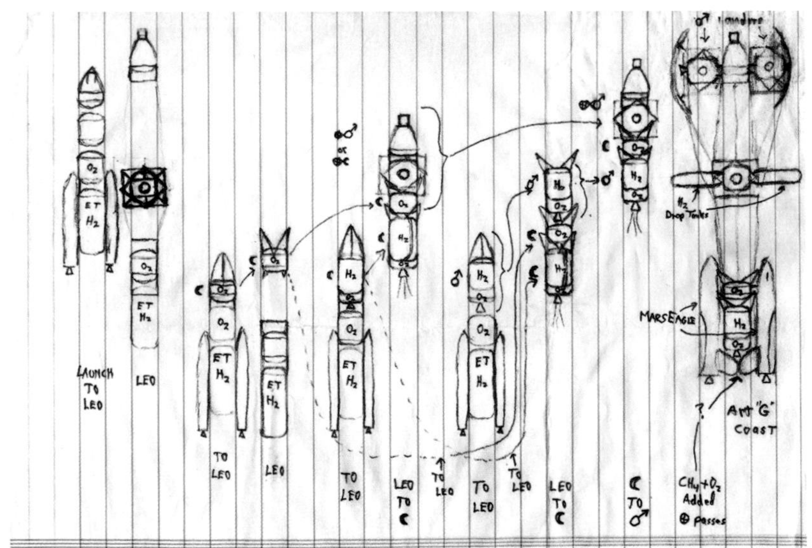

創作不輟：巴茲・艾德林手繪過眾多草圖，這是其中兩幅。
上：以登陸火星為目標的前期任務時間線（2001 年）；
下：準備著陸火星時航空器分離分解圖（2007 年）。

火星－西半球

跟所有外太空地形的命名一樣，這裡的火星半球圖上的地貌，全都是以拉丁文來描述。負責命名的國際天文聯合會之所以選擇用拉丁文，是為了鼓勵科學界的對話，以及使太陽系的製圖標準化。

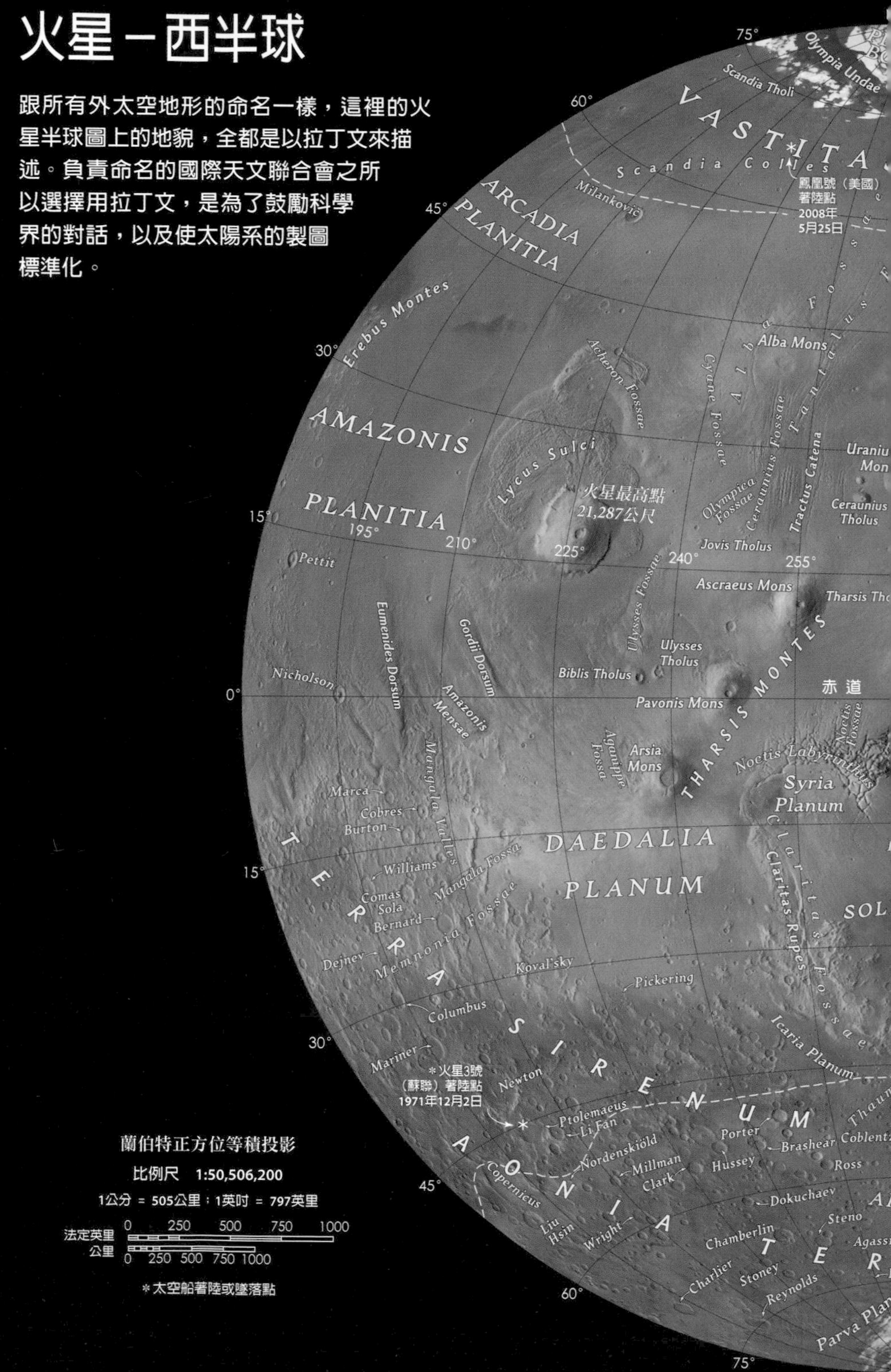

蘭伯特正方位等積投影

比例尺 1:50,506,200

1公分 = 505公里；1英吋 = 797英里

法定英里 0 250 500 750 1000

公里 0 250 500 750 1000

＊太空船著陸或墜落點

這張紅色星球的拼接圖，就是人類的眼睛從衛星運行軌道看出去時，會看到的火星樣貌。它是由美國航太總署的火星全球探勘者號傳回來的好幾千張衛星影像拼接起來的，呈現出火星布滿岩石的荒涼地貌，以及表岩層特殊的赭紅色調。冰帽覆蓋了嚴寒的南北兩極，並隨著火星季節的更遞而往外推進或向內消退。

由於沒有海平面，標高是以半徑3,390公里的球面為基準。

火星地貌的名稱釋義，請見後頁。

火星－東半球
VASTITAS
季節
Micoud
Lyot
Deuteronilus
Mensae
Protonilus
Mensae
Moreux
Okavango
Valles
Mamers Valles
Coloe Fossae
Colles Nili
Renaudot
ARABIA TERRA
Rudaux
Quenisset
Nilosyrtis Mensae
Astapus
Cerulli
Maggini
Luzin
Cassini
Flammarion
Arena
Nili Fossae
Colles
Baldet
Pasteur
Schöner
Antoniadi
Gill
TERRA
Tikhonravov
SYRTIS
MAJOR
PLANUM
Henry
Arago
Capen
小獵犬2號
（英國）著陸點
2003年12月25日
Janssen
Teisserenc
de Bort
Libya
Schiaparelli
Schroeter
Meridiani
Planum
Pollack
Dawes
Fournier
Jarry-
Deslo
Oenotria Plana
Oenotria Scopulus
SABAEA
Huygens
Mädler
Denning
Flaugergues
Saheki
Millochau
Cankuzo
Bouguer
Harris
Wislicenus
Schaeberle
Marikh Vallis
Bakhuysen
Terby
Niesten
火星最低點
-8,180公尺
Alpheus
Colles
Hellespontus Montes
HELLAS PLANITIA
NOACHIS
TERRA
Le Verrier
Hellas Chaos
Rabe
火星2號
（蘇聯）墜落點
1971年11月27日
Proctor
Kaiser
Amphitrites
Patera
Maunder
Russell
Mad Vallis
Barnard
Malea Planum
Mitchel
Dorsa Brevia
Gilbert
Holmes
Promethei
Sisyphi
Planum
South
PLANUM
蘭伯特正方位等積投影
比例尺　1:50,506,200
1公分 ＝ 505公里；1英吋 ＝ 797英里
法定英里 0 250 500 750 1000
公里 0 250 500 750 1000
＊太空船著陸或墜落點

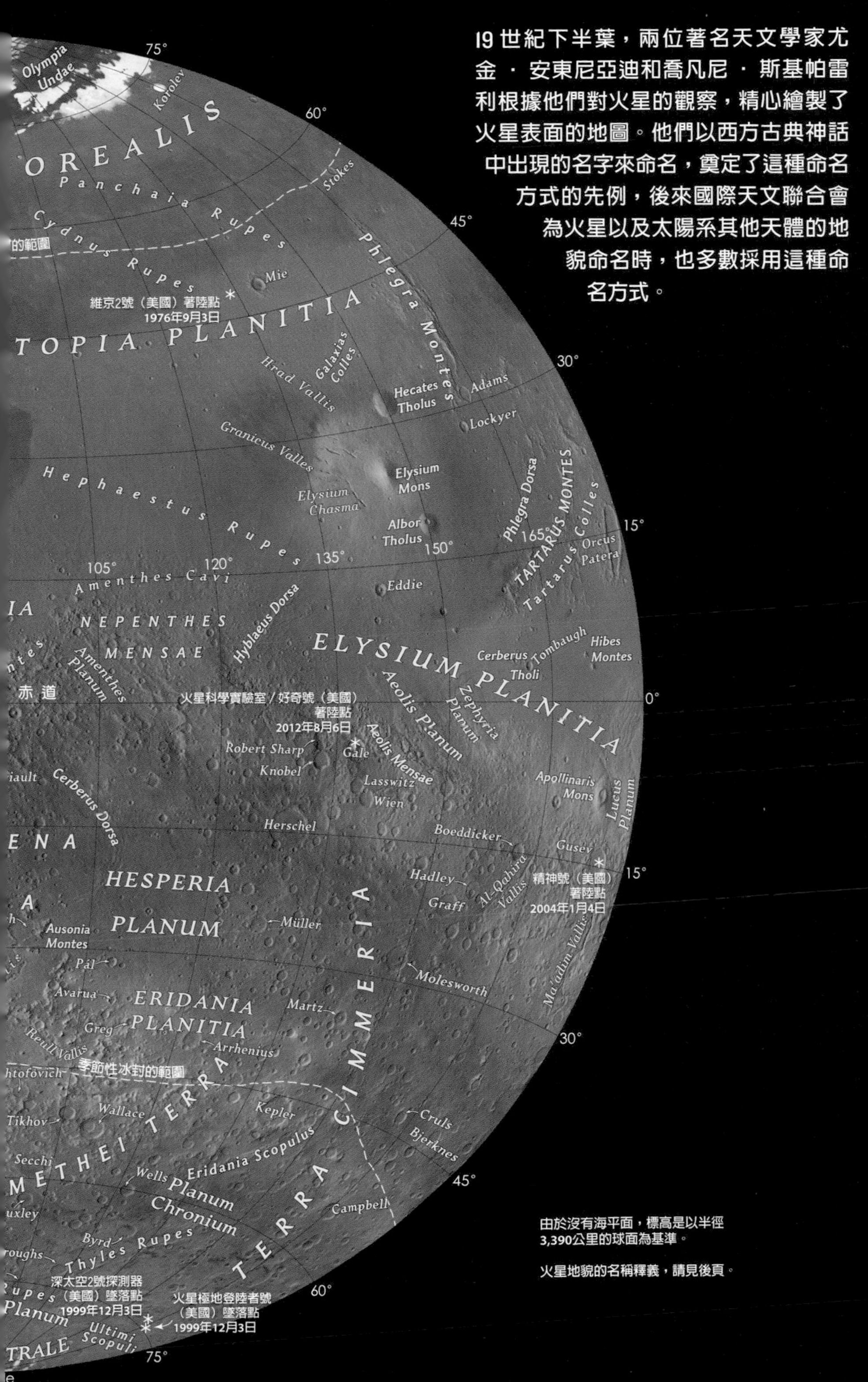

19 世紀下半葉，兩位著名天文學家尤金．安東尼亞迪和喬凡尼．斯基帕雷利根據他們對火星的觀察，精心繪製了火星表面的地圖。他們以西方古典神話中出現的名字來命名，奠定了這種命名方式的先例，後來國際天文聯合會為火星以及太陽系其他天體的地貌命名時，也多數採用這種命名方式。

由於沒有海平面，標高是以半徑3,390公里的球面為基準。

火星地貌的名稱釋義，請見後頁。

火星的衛星

火衛一

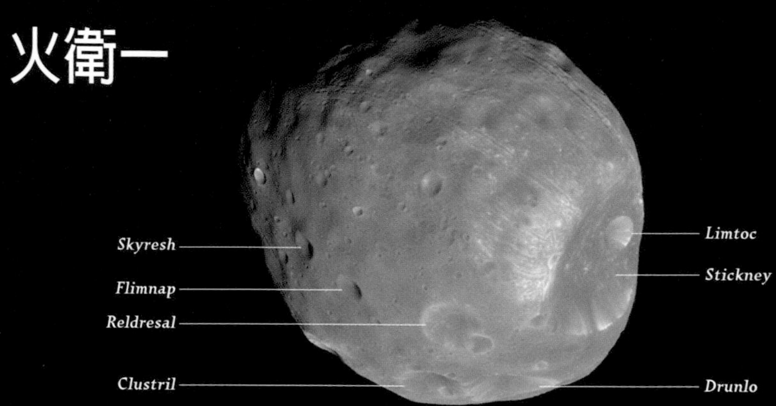

這顆形狀不規則的衛星每天快速繞行火星三圈，運行軌道離火星表面僅 9,377 公里，它的軸線最長也只有 26.8 公里。

火衛二

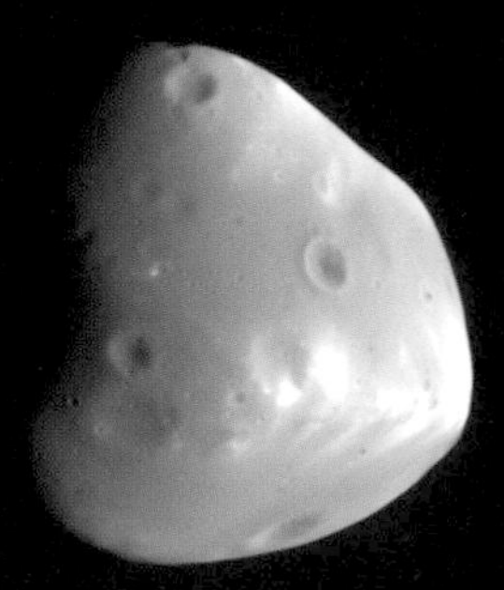

火衛二的大部分地貌名稱仍有待國際天文聯合會核定。

火衛二是火星較小的衛星，運行軌道離火星表面 23,436 公里。它的直徑只有 15 公里，繞行火星一圈需要 1 天 6 小時又 17 分鐘。天文學家還無法確定火星這兩顆衛星的起源，它們可能是被火星重力吸引過來的小行星，也有可能是由太空碎屑積聚而成。

火星小檔案

與太陽平均距離：227,900,000 公里
近日點： 206,620,000 公里
遠日點：249,230,000 公里
與地球最近距離：55,700,000 公里
與地球最遠距離：401,300,000 公里
公轉週期：687 天
平均運行速度：每秒 24.1 公里
平均溫度：-65℃
自轉週期：24.6 小時
赤道直徑：6,792 公里
質量（地球 =1）：0.107
密度：每立方公分 3.93 公克
地表重力（地球 =1）：0.38
已知天然衛星：2
最大天然衛星：火衛一、火衛二

火星地貌

（前頁地圖）

名稱	複數	釋義
Catena	Catenae	連串隕石坑
Cavus	Cavi	形狀不規則、邊坡陡峭的坑洞，通常成排或成簇出現
Chaos	Chaoses	混沌地形
Chasma	Chasmata	峽谷
Collis	Colles	小丘
Crater	Craters	隕石坑
Dorsum	Dorsa	山脊
Fossa	Fossae	槽溝
Labyrinthus	Labyrinthi	縱橫交錯的山谷或山脊
Lingula	Lingulae	從高原延伸出去的舌形台地
Mensa	Mensae	桌狀山
Mons	Montes	山
Patera	Paterae	形狀不規則或有荷葉邊的隕石坑
Planitia	Planitiae	平原
Planum	Plana	高原
Rupes	Rups	斷崖
Scopulus	Scopuli	不規則斷崖
Sulcus	Sulci	近平行槽溝或山脊
Terra	Terrae	大片陸地
Tholus	Tholi	小圓丘
Unda	Undae	沙丘
Vallis	Valles	山谷
Vastitas	Vastitates	大平原

本跨頁及下個跨頁的深太空載具概念圖，是根據巴茲 · 艾德林的太空統一願景設計，由加州理工學院的強納森 · 米哈利和俄勒岡州立大學的維克多 · 董，在巴茲 · 艾德林、美國航太總署詹森太空中心的蜜雪兒 · 魯克斯以及雪比 · 湯普森的協助下繪製。載具的組成零件採用了美國航太總署既有的深太空居住艙（DSH）、太陽電力及低溫推進艙（CPS），以及洛克希德 · 馬丁公司的獵戶座載具的概念。

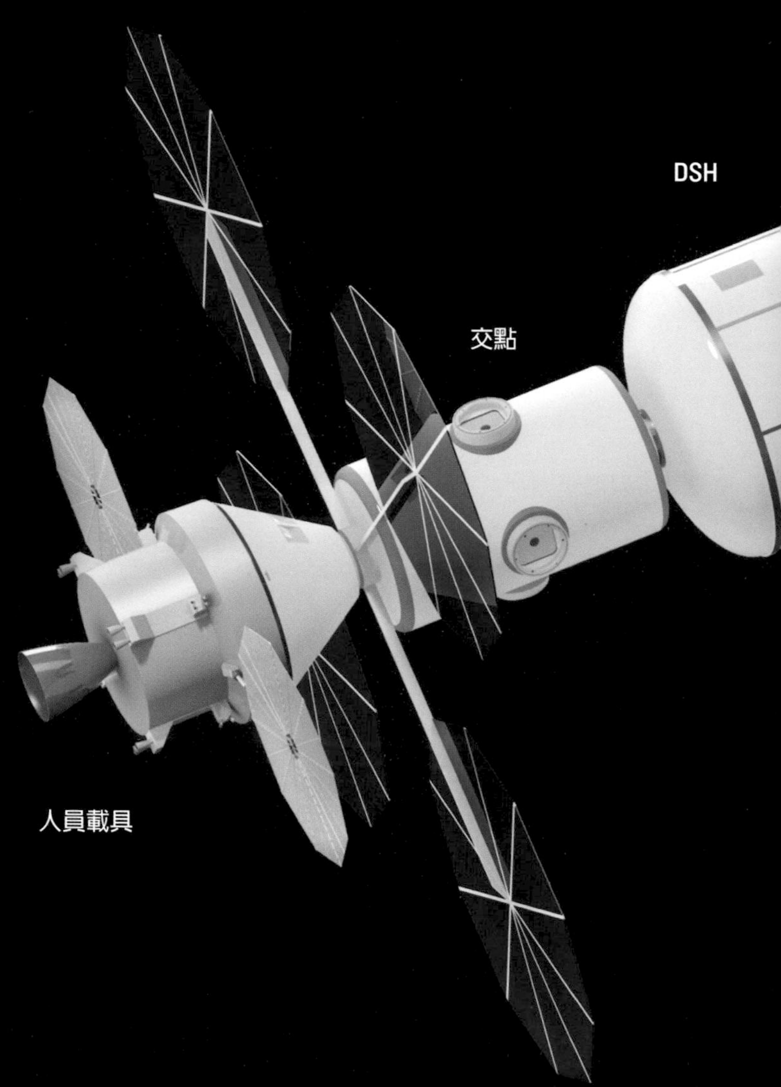

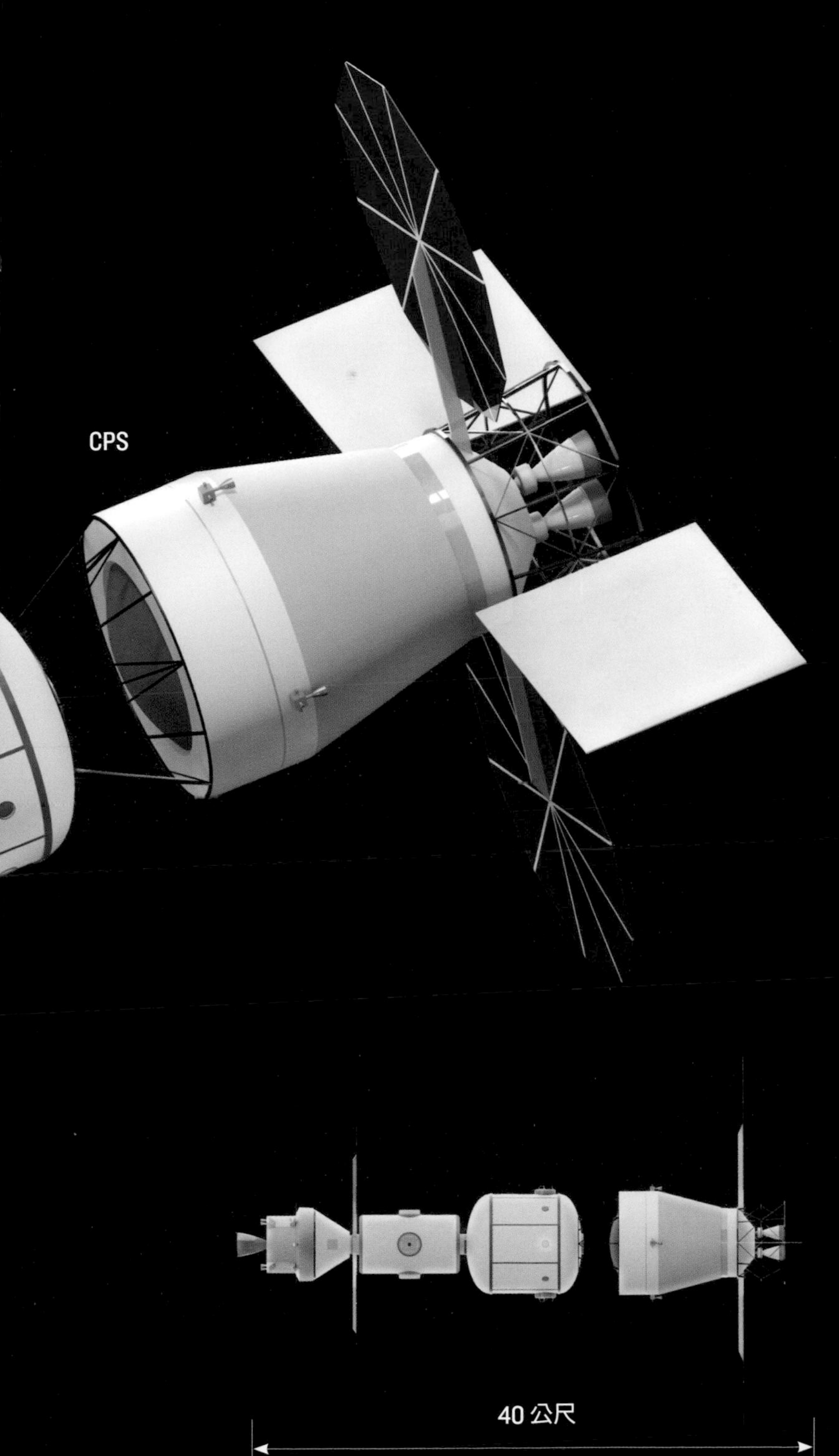
CPS
40 公尺

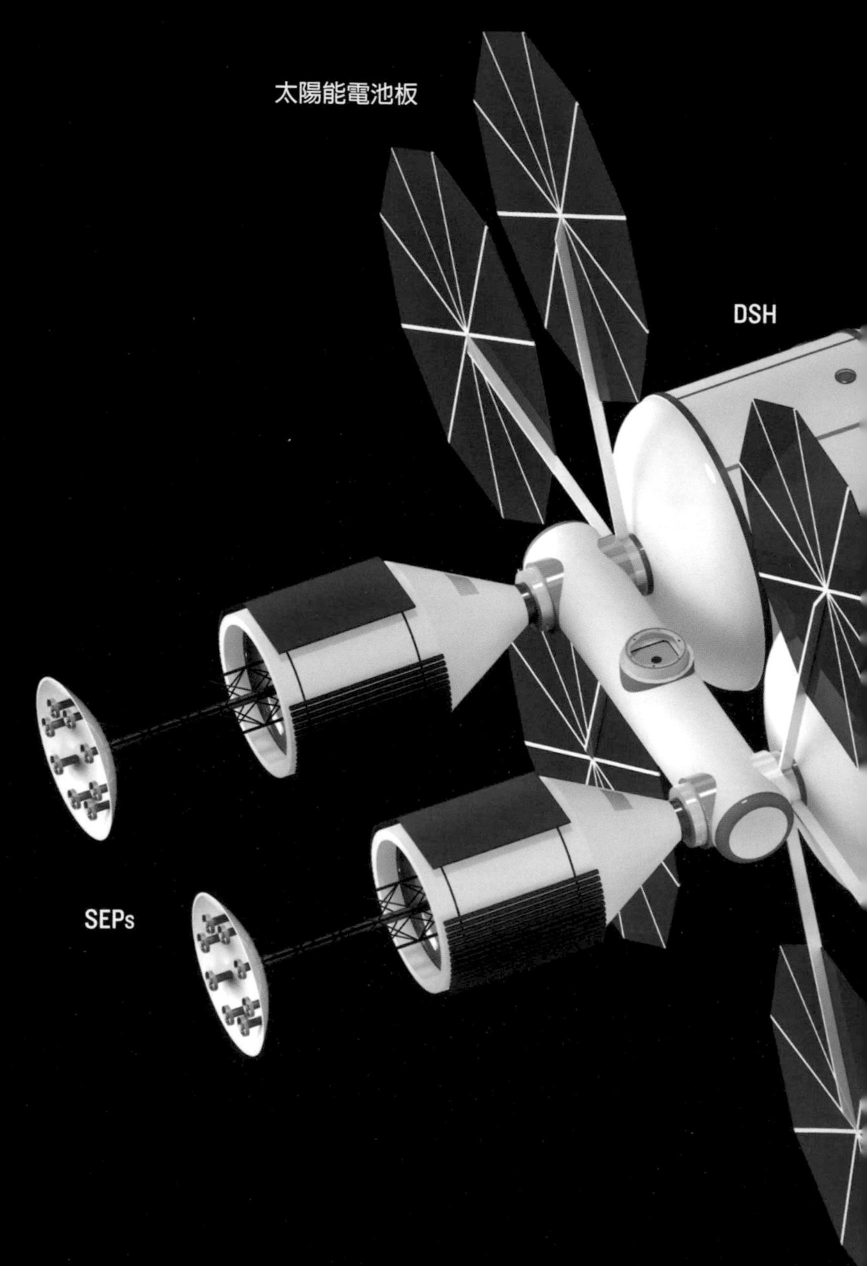

根據巴茲 · 艾德林的太空統一願景設計的火星循環太空船概念圖，由太陽電力推進系統（SEPs）驅動。隨著科技的進步，太空船的設計還可以更改，以加入更多的新知識與可能性。

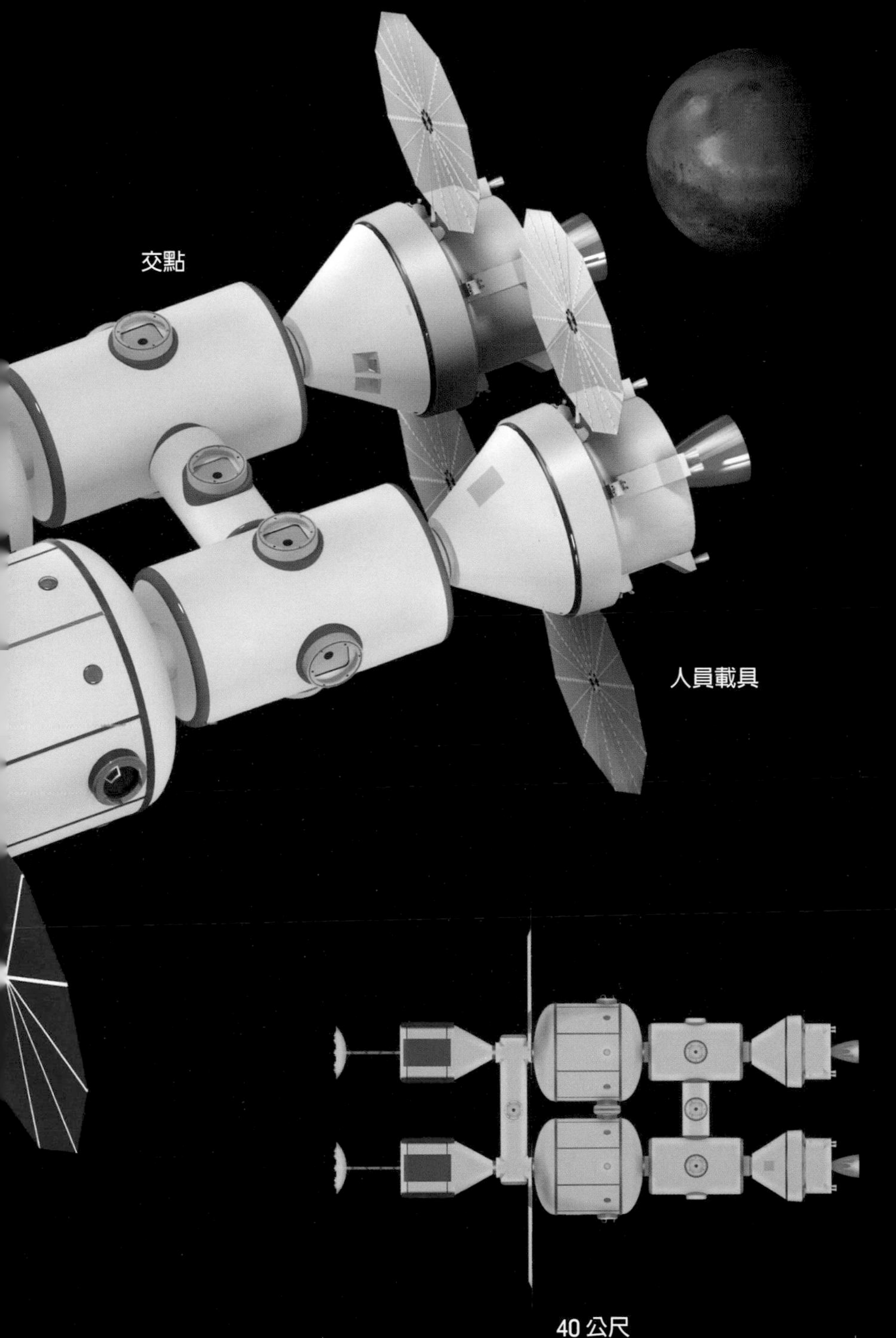
交點
人員載具
40 公尺

要在火星上長久居住，人類得將火星「地球化」。

這張火星居住地概念圖有以下幾個特點：

01 居住艙，可能是由機器人建造

02 先驅村，可延長人類訪客的逗留時間

03 全球暖化程序，促成水的循環，使火星的大氣適合生命生長。

04 球形拱罩，讓植物和人類可以在氣候受到控制的空間裡生長和居住

05 和 06 核能發電廠和風力機，為持續發展的新科技提供電力

即使添加了這些基礎建設，

人類仍然需要氧氣輔助才有可能在火星上生活。

美國航太總署的畫家根據科學家和工程師的想像，
畫下人類在火星長久居住所需要的設備和環境。

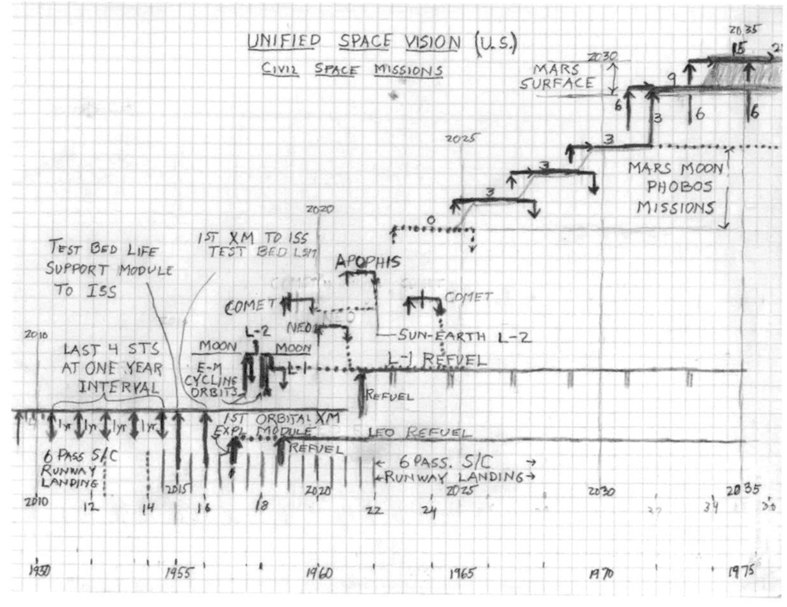

科技日新月異，巴茲 ・ 艾德林也隨時更新他的太空探索願景。
上：他在 2009 年草擬的太空統一願景時間線。下：艾德林呼籲美國及全世界在未來幾十年中應該進行的各種計畫的圖示。

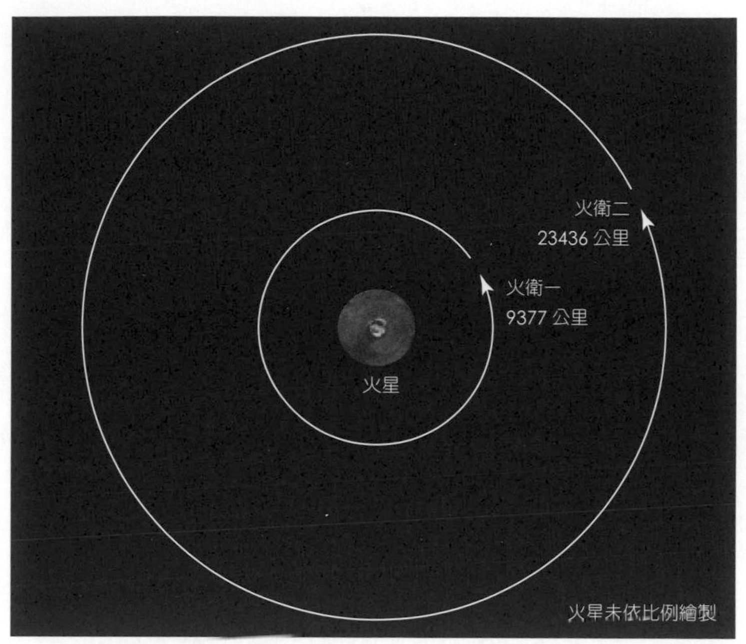

火衛一和火衛二，火星軌道上的兩個衛星。

幾年前，我注意到火衛一上有一個奇怪的地貌，心裡的激動有如衛星上揚起的塵埃。我稱這個奇特物體為孤立岩（monolith），這是非常特殊的結構。有人把它看成一塊龐大的方形巨石，未來拜訪火衛一，就能為這個不知道是宇宙還是神把它放在那裡古怪地形解密。

好消息是，火衛一繞行的軌道只距離火星表面 9377 公里，大約每八小時繞行火星一周。這是太陽系裡已知離母星最近的衛星。火衛一繞行火星的速度比火星自轉還快，所以在火星漫步時一天會看見火衛一起落兩次。火衛一籠罩在火星反射過來的光線裡。這種「火星光」類似於地球光，也就是地球將太陽光反射到月球，照亮月球夜側的光。

不過關於火衛一，有一個長期的壞消息。由於它短暫的繞行火星軌道週期，5000 萬年後將會撞上火星，或者由於重力而裂成碎片。

火衛一是布滿了隕石坑的不規則星體，也不含大氣。重力場非常微弱，不到地球重力的 1/1000，因此便於太空船降落與起飛。在火衛一上僅需時速 40 公里就能到達脫離速度。火衛一最引人注目的是 10 公里寬的史蒂克妮隕石坑（Stickney）。造成這個隕石坑的物體撞擊火衛一後，在火衛一表面形成條紋圖案。火衛一的日側和夜側相當分明，表現出極端的溫度變化；火衛一的日側就像是芝加哥的怡人冬日，而只有幾公里遠的的暗面，溫度卻比南極洲的夜晚還無情。

PH-D 計畫

考量這些以及其他因素，我覺得火衛一可能是支援「非人類、不碰觸火星」計畫的理想地點，至少在一開始是。人員可以從火衛一控制飛行器和其他機器，以探查火星並布局棲息太空艙的位置。可以利用我們構建國際太空站模組所積累的經驗，來設計火衛一營地。可以先在太空站上面驗證過後，再把實驗設備送往火衛一。可以利用火衛一表面的風化層（regolith）覆蓋實驗室，這有助保護人員免於輻射傷害。

為了人類將來的到訪，不只我考慮以火星的衛星為基礎來開發火星。

美國維吉尼亞大學環境科學的名譽教授弗瑞德・辛格（Fred Singer）也有類似的想法。他是美國國家氣象局在 1962 年創建衛星服務中心創始主任，在建造和駕駛太空儀器方面很有資歷。此外，他已主張 PH-D 計畫數十年，PH-D 是火衛一－火衛二（Phobos-Deimos）的縮寫。

特立獨行且充滿熱情的「火星地下」（Mars Underground）團體成員，在 1981 年起於科羅拉多州波爾德市召開「火星案例」研討會，我和辛格早期也有參加，主要是希望推動人類航向火星的規畫。

辛格著迷火衛一和火衛二已久，但他對火星衛星的樣態與其中原因，還不是很確定。他主張在火衛二建立一個為人類所用的實驗室，因為火衛二位居火星的高空，不但更容易到達，而且幾乎是在同步軌道上，他認為這是觀察和操作火星表面設備的絕佳位置。

我們一致認同遙控火星設備的計畫，無論是從火衛一或火衛二。火星衛星和火星之間的光速距離，遠比從地球

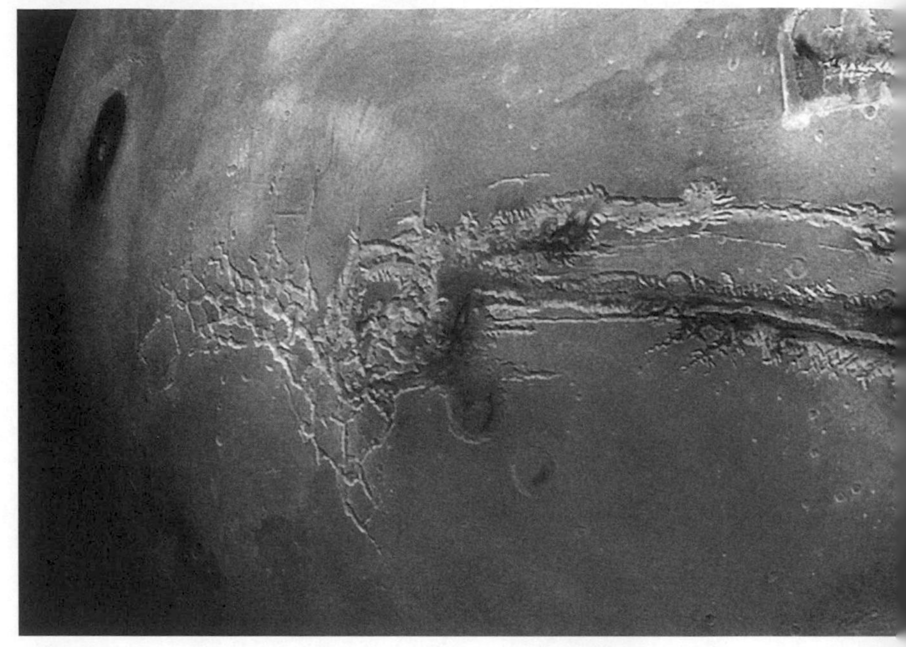

火星上最大的峽谷：水手峽谷

表面控制 NASA 的好奇號和機會號探測車還要短，遑論還能結合環繞火星的中繼衛星。愈靠近火星，愈能即時在短時間內遙控火星表面的機器人設備。即使有些微延遲，我們也感覺不出來。

一個額外的好處是火星衛星上沒有空氣，它的真空特性是在現場進行科學實驗的環境優勢。至少可以在火星衛星上檢視從火星採集並帶離的樣品，而且不用擔心前端和後端污染。也就是說，樣品只會送到火星的衛星，因此可以減少人類污染火星樣品的事件，以及降低火星生物殘害

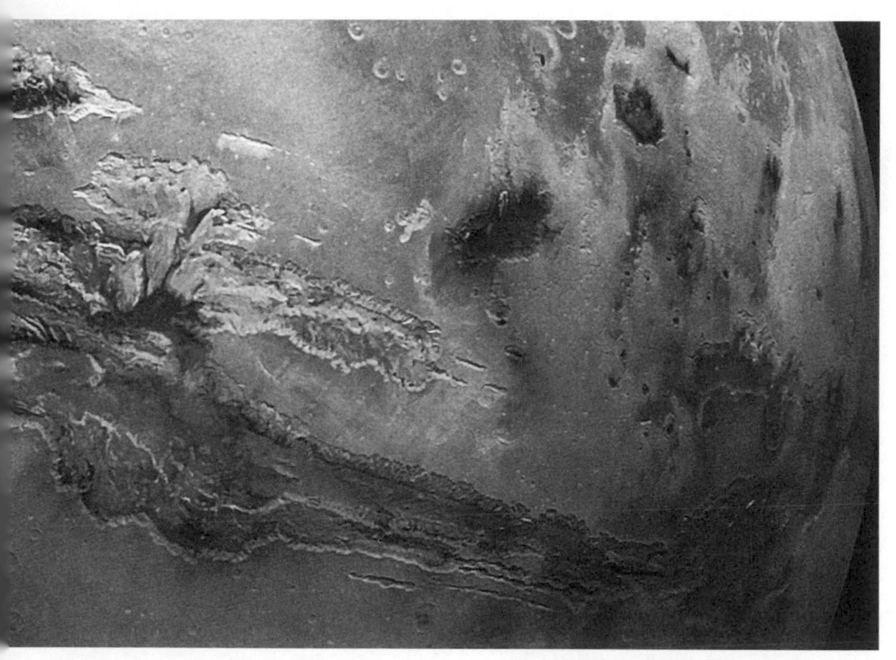

地球生物圈的風險，本質上它們成為兩顆行星之間的生物屏障。

藉由火衛一或者火衛二建立人員控制實驗基地，就能操控火星上各種類別的探測器、穿透機和探測車。不但可以探勘火星，甚至能讓機組人員著陸。畢竟，火星的空間很大。這是一顆寬廣的巨大星球，有些地表非常危險，例如裂縫、洞穴、陡峭山坡、大峽谷和高山。寧可失去一兩架機器人，也不要讓任何人類去面對致命的困境。

這是來自美國加州大學洛杉磯分校的新研究例證。

2012 年，地球太空科學教授殷安（音譯）揭露新數據，讓我們理解火星上的板塊構造。他根據火星軌道飛行器傳回來的資訊和影像，表示火星正處於板塊構造的早期階段，指出有兩個被水手峽谷（Velles Marineris）分開的板塊：水手峽谷北方板塊和水手峽谷南方板塊。這個地質特徵是我們太陽系裡最長且最深的峽谷系統。如果火星確實存在板塊構造，那麼火星在過去某個時間點有過地外生命的機率將大為增加。因此有必要詳細研究這個區域，可以利用配備地震儀的低空機器人飛行器，因為該地區可能盛行板塊滑動，甚至是發生火星地震。

在火星的一個衛星上設立實驗室暨控制中心，也可以讓人類航行到另一個衛星。由太空巴士進行這種航行將有極大的科學價值，可以藉此比較兩個衛星的採樣。它們是由同種材料構成的嗎？它們有共同起源嗎？辛格指出關於這些，我們其實一無所知。火衛一和火衛二可能是太陽系中最廉價的原料來源，因為速度損失量非常低，這代表進行軌道操作、從一個軌道進入另一個軌道所需的推進力很小。由於它們體積小而重力低，因此僅需花費相對少的火箭推力，就能在這些小世界裡運輸資源。

從遠處看：遠距探索

NASA 好奇號火星探測車的自拍照。

2012 年 8 月初，一噸重、核動力推進的好奇號探測車成功著陸火星。這架和一輛汽車差不多大的探測車，是 NASA 目前為止最先進的前驅機械系統，配備了科學儀器、相機和機器手臂，能依靠六個輪子運行多年。

好奇號的構造和準備將來上火星的人類一樣，有身體、腦、眼睛、手臂和腿。這個機器人利用天線來「說」和「聽」。與地球的單向通訊延遲時間為 4 到 22 分鐘（平均 12.5 分鐘），這取決於地球與火星的相對位置。在平坦堅硬的地面，好奇號的最高時速可以飆到每秒 3.8 公分，相當於時速 137 公尺。

一方面，機器人能應付火星嚴酷的氣候，同時執行枯燥、危險或沉悶的工作。另一方面，人類則擁有知覺、速度和機動性、靈活度和好奇的天性。

結合兩者，就能開啟太空探索的新典範。「遙現」（telepresence）利用低遲滯的通訊連結，能將人類的認知擺到其他世界。低遲滯產生一種「身臨其境」的感受，擁有幾乎即時的可信度。

將人類認知延伸到月球、火星、近地物體和其他可到達星體的能力，比起把人類送到危險地表或重力穴深部裡，能幫助降低挑戰、成本和風險。

讓我談談地球上在遙控機器人方面的進展。人類的認知和靈巧早已能到達最深的海洋、從危險的礦井抽出資

一個用來進行深海探索的人員駕駛載具，
在類似外太空的艱困環境中接受測試。

源、從遠處執行高精準的外科手術，以及人類在遙遠指揮中心操作空中無人靶機。

我的好朋友羅伯 · 巴拉德（Robert Ballard）和詹姆斯 · 科麥隆可以證實以遙現進行海底探索的可行性，可在任務控制中心操作配備高畫質攝影機的載具、感測器和機械手臂。遙控水下設備也是維持深海鑽油平台的例行任務。

蘇聯在幾十年前就利用控制器遙控太空的機器設備，雖然遙現的品質不夠好。他們讓自動化月球步行者（Lunokhods）探測車在月球上移動。最近的例子則是NASA 操控勇敢的精神號和機會號火星探測車，它們是現在正在火星上的巨型機器人好奇號的先驅。

遙現、低遲滯遙控遠程機器人和載人太空飛行，將啟動我們對「探索」的新定義。

任職德州大學奧斯丁分校天文學系的丹 · 萊斯特（Dan Lester）是探索遙現的領導者。萊斯特關注的是如何將遙現與我們傳統的「探索」整合在一起。遙現可能很有效率、很便宜，不過如果它不被視為「在地」探索，它就無法成為主導。不過萊斯特認為未來將人類的認知——如果還不能把人體整個傳送過去的話——傳到遙遠的地方去，是一個關鍵的新技能。

萊斯特指出，數十年前我和阿姆斯特朗登陸月球表面，當時把人類認知放到那兒的唯一途徑只能靠雙腳踩上去。這就是我們所做的，但它不再是唯一的選擇。

藉由月球表面的遙控機器人替身，就能從地月拉格朗奇點遙現高品質的人類認知和靈活度。由於地球和火星之間嚴重的雙向遲滯，萊斯特甚至認為遙現在火星有更顯著的優勢。把人類送到足夠接近探索現場，以確保能發揮認知功能，在許多方面，這就是人類太空飛行的目的。

更重要的是，遙現和軌道遙控機器人不受限於特定目的地。我們首先要在月球和火星上證實遙現是可以成功的，利用這種科技來探索和偵察採礦的機會，並預先選定居住艙的位置，這些任務無需穿著太空衣的人員在現場。在人類居住之前，第一個建造的火星基地不該只提供簡陋的生活條件。它應該是優越、深思熟慮且擁有防止故障功能；這個基地必須是由遠端遙控機器人謹慎地進行組裝。

進行火星遙控有助我們的技術發展，在未來探索的目的清單，火星排名前幾名。還有很多地點等待人類的認知前往，像是漫遊在凶險的金星和日曬下的水星，甚至是在土星的衛星泰坦（Titan）的液態乙烷和甲烷湖泊上「遙控駕船」。

我們即將開始我們火衛一和火衛二的挑戰任務，接著就是火星。

火星任務

前進火星的計畫已經滲入了更大的太空工程領域。洛克希德・馬丁公司根據自己的獵戶座太空船設計一個計畫，成為一個名為「紅色岩石專案」（Project Red Rocks）的希望事業，目標是探索火星最外面的衛星：火衛二。這個太空公司將該計畫視為踏上火星前的最後一步。

一份該公司對紅色岩石專案的簡報提到：「送太空人上火衛二能驗證隨後人類登陸火星的關鍵技術。」根據紅色岩石專案，由於軌道力學併合、推進能源需求與減少人員暴露宇宙輻射，近期人類航向火星最佳的時間點是 2033 和 2035 年。該公司的一名專家表示，對於 2033 年的任務，可以在 2031 年 1 月發射設備和物資，提早部署到火星軌道上。一艘前往火衛二的載人太空船會在 2033 年告別地球，花 18 個月進入火星軌道，然後在 2035 年 11 月返回地球。

為什麼選擇火衛二？洛克希德・馬丁太空公司的高層認為火衛二的「北極圈」附近是個好地點，那兒在火星夏季有十個月連續的太陽光，因而能使用簡單的太陽能發電系統。該公司提到登陸火衛二讓太空人能直視地球和火星表面的探測車，所以能簡化通訊系統。

火衛二上面看到的火星會很驚人。例如光是奧林帕斯山（Olympus Mons，火星上最大的火山），就將近是地球上看到滿月的三倍大。

洛克希德・馬丁公司進階人類探索任務的研究員喬什・霍普金斯表示，送太空人到火衛二將展示後續人類登陸火星的關鍵技術，例如可靠的生命支持循環系統、長期低溫儲存推進劑和保護太空人免於微重力和太空輻射影響的生物醫學技術。他補充從地球航向火星並返回的星際航行有必備的物品，而真正要登陸並在火星上運作，也是

紅色岩石專案將探索火衛二，火星最外圍的衛星。

特殊的挑戰。在太空航行的部分，前往火衛二和前往火星非常相似，無論是距離、時間和環境。

霍普金斯認為紅色岩石專案將奠定人類登陸火星的基礎。規劃者將必須發展保護太空人的策略，包括不受長期暴露在零重力和輻射的影響、打造可靠的水循環系統，並讓生活在遠離地球、狹小空間裡的太空人維持良好精神狀態。

火星的亞歷山大圖書館

另一個推廣火衛一和火衛二成為人類太空探索踏腳石的是李天龍（Pasal Lee），他是火星研究所的聯合創始人與主席，也是尋找地外智慧研究院（SETI Institute）的行星科學家，以及 NASA 在加州山景城的艾姆斯研究中心霍頓－火星專案（Haughton-Mars Project）的研究員。

李天龍認為火星衛星已開始成為人類探索的新標的，可以在登陸火星以前好好探查這些衛星。李天龍和同事已經籌畫多項科學目標，利用現場的設備探查這兩顆衛星，例如深鑽並採樣地下樣本、以震波層析成像術繪製衛星內部的立體圖、分析火衛一和火衛二的風化層，看看是否符合小行星、彗星或是火星本身。

李天龍很早就看出人類要前往火衛一和火衛二，不能只靠科學的支持。不過，他表示既然人類登陸火星的逐步策略裡，人類進入火星軌道的任務是合理的，那麼兩個衛星就是優秀的候選中繼站。此外，火衛一尤其是遙控機器人的理想落腳處，可藉此深度偵察火星。在衛星上，可以建設少量的基礎設施，讓火星的樣本在送交地球上躍躍欲試的科學家之前，先行處置、隔離和掃瞄。

李天龍和團隊成員認為幾年前，我們有機會從火星噴射到火衛一的噴射物質中，找到火星的生命跡象，而位於最外圍的火衛二就不太可能有這種機會。因此他覺得火衛

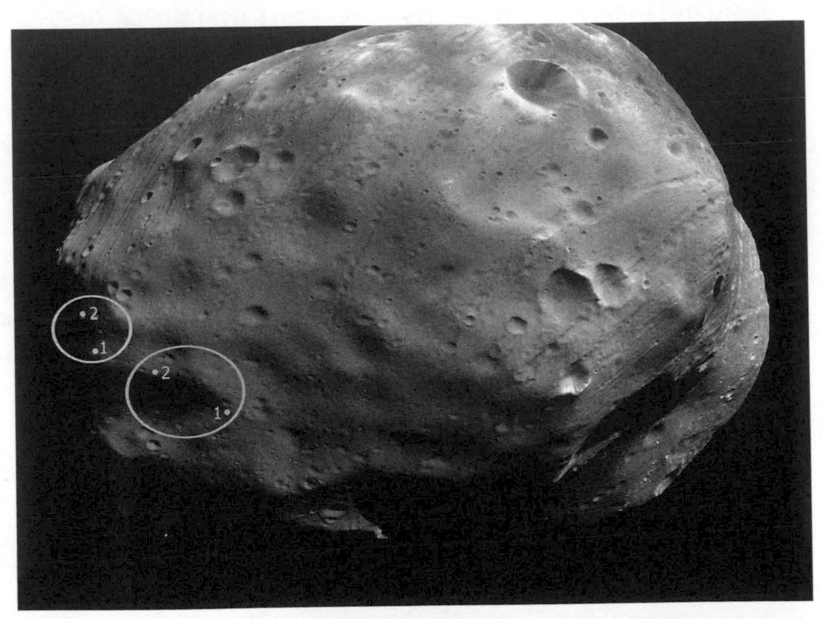

一架俄羅斯機器人登陸載具預計降落在火衛一上的著陸點，但最後載具未能抵達。

一像是火星的「亞歷山大圖書館」。就像以前埃及的古亞歷山大圖書館，這個火星衛星也可能是個寶庫，藏滿了火星完整歷史的知識和記錄。

在火衛一尋找「小小的綠色微生物」的想法由傑・米洛許（Jay Melosh）在2012年提出，他是美國普渡大學地球、大氣與行星科學，以及物理學和航空太空工程學的特聘教授。他指出從火衛一拿到樣本，比從火星要容易許多，而且由於小行星撞擊火星，火衛一樣本上幾乎一定會含有火星物質。如果火星上存在生命，或者在過去1000萬年內曾經存在過，那麼前往火衛一的任務可能會產生地外生命的第一個證據。

米洛許帶領由NASA行星保護辦公室（Planetary Protection Office）指派的團隊，評估從火衛一帶回的樣本是否可能包含近期來自火星的材料，足以分析是否有火星生物。米洛許和同事結合他們對撞擊坑和軌道力學的專業知識，進行一系列的電腦模擬。

他們的研究結果顯示，由於過去1000萬年裡的大型撞擊事件，火衛一持續接收來自火星的物質，以地質時間來說，這是相對近期的事件。團隊繪製1000萬道軌跡，並評估哪些會被火衛一攔截，以及在它約八個小時繞行火星一周的情況下，這些噴發物會落在衛星的哪個位置。

2010年4月，當歐巴馬總統進行他的太空探索演說時，我身邊碰巧有一個火衛一的複製品。我展示這顆火星衛星的模型給總統看，並重申我的觀點：火衛一是人類在太陽系其他星球建立永久居住的關鍵。

人類冒險者立足火衛一，在技術上是可行的。利用這顆衛星，一步步邁向火星，可以降低風險。目前有個不斷發展的信念，認為火衛一能讓我們以穩定的節奏進行探索和科學發現。這個衛星不會讓我們失望。作為火星的離岸世界，在果斷地縱身一躍、踏上不斷呼喚著我們的火星——人類的未來的家——之前，這裡讓我們得以鍛鍊自己的行星際探索實力、改良我們的技術工具，磨練太空人的熟練度。

到火星居住、探索，是人類能力可及的事。

第七章

開墾紅色行星

☆ ☆ ☆

這顆紅色星球早已引起我們的好奇，而且現在正有一輛好奇號探測車在火星上逡巡。由於有望遠鏡，我們才能開始窺視這個世界的秘密。

火星是刺激我們思考的誘人之地。天文學家帕西瓦爾・羅威爾（Percival Lowell）在他 1908 年出版的書《火星，生物的住所》，提出他的觀點：

> 因此，我們對火星的觀察不僅讓我們做出此刻上頭有生物居住的結論，而且也讓我們進一步了解這些生物是屬於值得結交的那一類。不過不確定我們是否應該立即與他們接觸，因為還沒有科學數據可供判斷。

不過在這之後，有關火星的科學研究有了進展，自從 1960 年，好幾個國家派出自動太空船探查，由望遠鏡觀察延伸出的火星生命說，備受考驗。我們曾經飛掠火星、在軌道上繞行、衝進火星、用雷達檢測和撞上火星，以及在上面彈跳、滾動、挖洞、鑽土、烘烤，甚至用雷射切割，剩下還沒有做到的是：踏上火星。

現在和不久的將來，利用機器人探索火星能提供觀望遠方世界的窗口，這將會是未來移民者的家園。

火星上的第一個腳印將會成為歷史的里程碑，這個任務需要毅力與技術的配合，才能讓我們落腳在另一個世界。探索火星和阿波羅任務的月球探險完全不一樣，去火星必須長時間離開地球，不能想回來就回來。一旦人類身處遙遠的火星，適合返回地球的時間非常受限，這是我們在 1960 年代到達月球與未來幾十年向外延伸至火星，兩者在本質上的差異。

這是重大判斷之前的序言，我認為 NASA 的規畫者不想面對這個判斷。沒有理由讓人類前往火星的計畫看來像是阿波羅登月計畫。

我們需要開始思考在這顆紅色星球上長久居住，以及如何才能做到這一點，我對此有很深的感受。這是一個完全不同的任務，不僅僅是把人類送上行星的表面、宣布成功並在上面進行一些實驗和豎立國旗，隨後迅速讓人員返

目前在火星上的好奇號探測車，是機器人地質學家。

回地球，這是阿波羅計畫所做的。

如果太空人一到達火星之後，馬上掉頭升空飛回地球，這樣的太空人有什麼用？他們去那裡做什麼，為了寫回憶錄嗎？他們會想再去一次嗎？讓他們重複這樣的航程，在我看來是很笨的，為什麼不直接留在火星上？

這無疑是個高層次的重大決定。如果到時候我們有像現在一樣的立法機構，我可以向你保證，登陸火星之後的第一個悲劇就是計畫取消，而我們就只能這樣再過一個世紀。

我建議去火星，是指長久居住在那個星球，我們要透過這個任務，建立成為雙行星物種的信心。火星那兒已經

太空人在火星表面探索的想像圖。

有兩個很棒的衛星供我們選擇，從中我們可以預先部署設備，並在火星表面建立輻射防護罩，再開始穩定增加移居的人口（不是只有一組選定的人而已）。要在火星成功生存，不能只派人突襲火星表面一次。

當總統承諾美國將讓人類長久居住於火星，將會是永遠被人記得的歷史時刻。我假設 2019 年，在阿波羅 11 號登月 50 週年的政治場合上，美國總統（無論是誰）藉此機會讓美國主導未來的人類太空探索，他在演說中表示：

「我相信，美國應該對自己承諾在 20 年之內，讓人類長久居住在火星上。」

這個聲明將永久流傳，留在地球與第一代火星移民的記憶裡。到了 2020 年左右，每一個被選定的太空人應該準備在火星表面上繼續過他們的生活。

那麼，為什麼一開始要派人類上火星？

目前普遍認同人類在很多方面勝過機器。我們執行任務時很迅速且有效率。在機器人難以通行的地方，太空人可以敏捷和靈巧地到達。再來就是人類天生聰明、有創造力與適應力，可以即時評估，並臨場回應突發狀況。

不過，把人類放在火星上也有較脆弱的一面，因為我們不完全了解人類的行為、特質和其他未知因素。活在離地球遙遠又密閉的環境裡，會引起生理和心理的壓力。一定會有種古怪的感覺籠罩在第一代火星移民：沒有隱私。

當你調整到國際太空站人員的頻道，就會了解我說的意思：那裡到處都是攝影機。當然，地球和火星之間的通訊時間的延遲也是個因素。現在就有方法可以開始模擬處理這個問題，可以在國際太空站模擬和教導兩端的人員如何處理通訊延遲。這個現象最後會造成一個結果，就是每個行星際旅行者都會變成愛拖延的人！

NASA 設想火星基地上的車輛與住所

除了我們有限的阿波羅登月任務以外，人類從未執行類似前進火星的任務；目前為止最相似的是遠征南極、深海與國際太空站，不過比起駐紮在距離地球千百萬公里的火星上的勇敢人類要面對的孤立感、偏僻性和挑戰，還是有很大的差異。

NASA 的火星參考文件強調需要對火星成員組成進行更多的研究，在個人與人際特質上，他們要能「組成運作順暢與具生產力的團隊，以及擁有能夠維持複雜作業的技能組合。」

要在遙遠的火星上立足本身就是一項複雜的作業。等著他們的挑戰是重大而劃時代的。先由機器人探測器察看目前看來還不像住所的紅色星球，而我們正朝著開墾它的道路前進。不過遙遠的火星上還是有我們熟悉的地方，別忘了好奇號探測車傳回來的第一張彩色照片，就類似於美國西南部的層疊山丘。

火星讓人感到熟悉的程度正在慢慢變高，而這一點也正不斷召喚我們向它邁進。

「重新調整」火星探索

我最近參加火星迷的一個大型聚會，這是 2012 年 6 月 12 到 14 日在德州休士頓月球和行星研究所舉辦的「火星探索的概念與策略」研討會。這是一個令人興奮的聚會，處理了主要問題，包括如何回應歐巴馬總統提出在 2030 年代送人類上火星軌道的挑戰。

約有 185 人聚集並分享想法、觀念和專業能力，並且處理關鍵的挑戰領域，主要聚焦於 2018 到 2024 年的短期時間架構，以及橫跨 2024 到 2030 年代中期的中長期時間架構。

很明顯以當今的經濟狀態，投資火星探索相當艱難。這個研討會的一個主要目標，是尋求新的概念，以及依照當前嚴峻的財政現實「重新調整」火星探索的思路。

展望接下來的幾十年，與會者公認國際合作最有促進未來火星計畫的潛能：以「我為人人，人人為我」的模式。舉例來說，按照這個思維，任何有野心、複雜且昂貴的火星採樣返航任務（機器人挖取並攜帶火星樣品回地球），將會需要與其他國家長期且開放地合作。

一如既往，火星的重要地位慫恿我們思考重要且引人注意的問題，特別是生命是否曾在那兒出現過。果真如此，它們是滅亡了，還是仍在火星上？而且了解火星的氣候和大氣，包括火星表面和內部的演變，也可以讓我們回頭了解地球的過去、現在與未來。火星早期的地質記錄一直被保存著，記載了超過 35 億年的歲月，那時很可能地球已經出現生命，而地球上這段時期的紀錄幾乎已消失。

火星探索能讓我們回溯時光，看看我們在太陽系的鄰居是否也有生命出現？

這些都是好的科學議題，但是我們有更迫切的理由要研究火星的環境：這是要確保未來的機器人（更重要的是人類）任務能安全著陸與運作。顯然，揭露火星內部和外部的運作，將需要勞力密集的人類活動。

研討會與會者還討論了幾個挑戰性的議題，例如要支持人員在火星上空軌道、火衛一或火衛二，還是在火星表面執行任務時，必須降低哪些危害人類的健康風險。在討論中，提到必須考慮游離輻射和土壤毒性。

會議裡也分析了從地球附近到火星系統往返的星際軌跡，並且辨識那些是更有效率的運輸系統，包括航行時間、花費等等。因此我們得檢視各種火星軌道、與火衛一

包含一個溫室農耕單元的火星「太空聚落」的想像圖。

和火衛二會合或登陸，以及審查從地月 L2 點往返火星系統的航線。

在火星表面系統運作的能力則是另一個挑戰，無論是利用更輕、更快速在火星上行駛的探測車，或是能進行「就地資源利用」（in situ resource utilization，簡稱 ISRU）的設備。ISRU 功能有助發展支持人類在火星表面探索和居住的設備，這個計畫會從火星大氣、表面的水合礦物，以及火星地下挖掘出的冰當中，抽取可用的氧和氫資源並長期儲存。

這是勢在必行的。結合 ISRU 與人類探索火星和其衛星，讓我們改變思維模式：不需要從地球發射在火星上所需要的一切物質。我們不用帶著一堆東西，因為目的地就有所需的材料。我們還能開發新的 ISRU 產品，例如甲烷、鎂、過氯酸鹽和硫。ISRU 系統對於從火星環境裡提取「火星製造」的產品至關重要，包括支持生命的水、氧氣、矽和金屬，以及火箭燃料，甚至是結構材料。設置有效的 ISRU 系統將減少對於補給任務的需要，並能成為真正的地外前哨站。

我在研討會裡的一個主要領悟，是在開發機器人與人類任務之間具有協同作用，這讓未來的機器人任務變得更有野心。如同會議裡的結論，這種協同作用可以體現在幾個方面：

- 當科技（例如進入、下降和著陸系統）提升到適用於人類任務的水準時，也會讓機器人任務的有效酬載質量跟著提升。
- 善用人類任務所需要的科技，例如 ISRU 和液氧甲烷推進系統，由於可能減少機器人探測車的發射和進入質量，因此有助於火星採樣返航任務，也降低任務成本。

研討會裡有幾篇突破性的論文，聚焦在準備人類探索的長程願景，這是我最有興趣的部分。

持續性的火星科學研究，是實現具明確目標、且符合成本效益的人類探索的重要序曲。有必要深入研究火星地表和地下組成。同時，火星的極地地區不僅在科學上引人注目，由於那裡有我們感興趣的豐富資源，因此也值得研究。

火衛一和火衛二在研討會上的角色，被視為「重要的目的地，可能有助降低人類探索火星的成本和風險」。他們指出這兩顆衛星就像天然太空站和有潛力的「基地」，能遠端支援火星上的酬載作業，以及居住地的建設，同時可減輕某些行星防護上的問題。

由於我們有機器人替身，來自火星的驚喜會滾滾而來。NASA 的火星計畫在 1965 年提供這顆紅色星球的第一張特寫照片。我們對那個世界的看法，已經被高空中捕捉影像的軌道太空船所改變，還有革命性的鳳凰號登陸艙，與一系列的探測車：旅居者號、精神號和機會號，以及目前功能更強大的好奇號。它們是人類探索火星的前驅，但我們還有很多工作待完成。

血肉之軀與機械設備

為了登陸火星必須掌握新技術，我們需要極端條件下的農業系統、能源發電、輻射防護以及先進的生命支持系統。自動化和高強度的設備是必要的。為了因應火星表面的人

太空人將利用各種探測車以擴展我們的火星知識。

員和地球表面控制中心之間通常要 40 分鐘的光速往返通訊時間，火星上的人員必須成為控制方。

NASA 火星建築指導小組（Mars Architecture Steering Group）於 2009 年出版的《人類探索火星的設計參考架構 5.0》，可能是較完善的早期火星營地建構方案之一。該文件由德州休士頓 NASA 詹森太空中心的布雷特・德瑞克（Bret Drake）編輯。

NASA 的火星設計參考架構詳細介紹人類探索火星表面任務的系統和操作，總共規劃約在十年裡進行三次任務。這份文件提到指定先進行三次任務，是因為進行單一人類火星任務所要實現的基本功能的開發時間和成本規模，是「光進行一次任務非常難以合理化的數字，就算兩次任務也還是划不來。」

報告指出，執行前三次人類火星任務之前，也假定會先在地球上、國際太空站、地球軌道和月球以及藉由機器人火星任務，舉行一系列的測試和驗證，「在這個架構下確保相當程度的信心，讓登陸火星人員的風險在可接受範圍內。」

雖然這份報告有些章節我有不同意見，不過它確實提供檢視要生活在火星上的起始套件「必備清單」。

舉例來說，一旦人員著陸，他們將需要有效且可靠的庇護所，讓他們可以在外作業。人員可以利用輪式探索載具在火星表面探勘，假設一次要數個星期，也都無需返回居住區。在火星上步行將需要防輻射和灰塵，才能在火星表面安全地調查和工作。

從實際的層面來看，為了安全起見，第一個踏上火星著陸區和居住區的人類，會發現自己身處寬廣、相對平坦和位於中央的區域。然而，這意味人員和貨物可能離具有科學價值的地點很遠，超出人員步行實際能到達的範圍。加壓探測車能攜帶設備，例如能適當穿透火星表面的鑽孔齒輪。能將鑽頭在不同位置移動的能力也是需求之一。樣品可以先送回主要棲息處的配備實驗室，再進行深入分析。

並非所有人員都會在火星表面長途跋涉，總是會有部分人員駐守在居住區。

NASA 的報告指出「探索火星的一個強大動機是尋找地外生命」。然而，該文件接著解釋這個搜尋工作可能永遠擱置，如果探索者把地球生物帶過去，不經意污染了火星環境的話。此外，雖然不太可能，但是還是有必要防範火星樣品夾帶火星生物回地球，它們可能繁殖並破壞某些生態圈。避免這兩種可能事件發生的工作稱為「行星防護」。

另一點則有點左右為難。事實上人類身上有大量不斷繁殖的微生物。因此即使身著先進的太空衣與住在居住區的架構裡，顯然我們在火星上進行的相關活動還是無可避

人類和機器人一同探索火星

免會污染火星的環境。這提示我們人類火星任務的原則應該只攜帶「可容忍」的東西過去，但是這也代表應該避開火星上可能有生物的地方。再次強調，從火星營地或火星衛星上，利用消毒設備進行遠端作業，很可能是必要的。

NASA 艾姆斯研究中心的火星研究員克里斯・馬凱（Chris McKay）和卡羅爾・史達克爾（Carol Stoker），以及尋找地外智慧研究院的羅伯特・哈伯勒（Robert Haberle）和戴爾・安德森（Dale Andersen），早就在評估人類探索火星的科學策略。在他們看來，科普雷特斯四角區（Coprates Quadrangle）和鄰近地區應該是火星上第一組人員的基地。這個地區布滿火山、古老隕石坑地形和眾多水道，也包含了 NASA 維京人一號（Viking 1）的登

機組人員設置探索火星極地的測試設備。

陸地。該探測器在 1976 年 7 月 20 日降落在火星，是美國第一次嘗試利用機器人登陸這顆紅色行星。

這些科學家建議把主要基地建在科普雷特斯四角區，而其他可到達的地點都作為遠端遙控的前哨站。可以策劃「進駐階段」，讓人員先調查著陸地區的狀態，以及揮發物（特別是水）的分布。可以將火星大氣的氣體吸進機器裡提供人員呼吸的空氣，甚至可以用來製造由火星表面發動載具的推進劑。資源萃取設備將開始運作以囤積有用資源，這些庫存是人員從地球帶來物資的安全備份，也能成為未來到達火星的移民的補給。

單程旅途

火星開墾計畫（Mars Homestead Project）已經開始進行長程評估，其中一個是要找出符合經濟效益的核心技術，讓火星基地得以主要利用當地的材料建造。

布魯斯・馬肯紀（Bruce Mackenzie）是位於麻州的火星閱讀基金會（Mars Foundation of Reading）的共同創辦人與執行長，他與一群志同道合的活躍團隊描繪出如何在火星建立和經營第一個永久居住點。火星上一些當地材料，會被挑選出來作為初期的聚落建材，例如玻璃纖維、金屬和石頭，無論是用在無加壓的庇護所或是在加壓艙上覆蓋火星風化層。另外，可以從富含二氧化碳的火星大氣提取乙烯，製造聚乙烯和其他聚合物。

這個計畫的最終目標是在地球以外的地方，建立一個不斷成長的永久居住地，因此能讓我們的文明傳播出小小顆的地球。

馬肯紀提到人類初步探索火星與人類定居在上頭所需的技術，有細微的差異。生命支持系統的持續時間和可靠度，就有明顯的差別，長距離表面移動到達火星上各個地點的需求，也是差異之處。最後，探索火星的太空人需要依靠國際太空站獲得的經驗，建造能種植蔬菜的水耕實驗室。這些作物能提供定居火星的人額外養分和多樣食物。

2012 年馬肯紀在第 15 屆《國際火星社會協定》年會

上表示，定居火星的初始目標是建設基礎設施，他提到：「假設定居地點很靠近所需資源（例如積冰），我們就只需要打造獲得這些資源的移動技能。進行探索任務時需要備齊各種備用物件，但如果是定居則應該要有生產設備。由於我們能製造替換零件，所以只需要少量的備用物件。」

馬肯紀強調定居火星的心態，和短期居住的完全不同。探險者預計要回歸地球和原有的家庭，而定居者要在那裡開始新社群和新家庭。他的研究結論是如果我們只為人類探索而設計系統，之後才要為了定居而修改，將會很沒有效率。他提到：「除了移動系統，我們不應該浪費資源開發只能用於探索的設備。如果因為只發展探索所需的技術（但定居並不需要），導致定居行動長久延宕，將令人感到相當遺憾。」

我認為那些要搭乘「單程票」航行到火星的人，可以開始確認要如何把火星「地球化」。這個過程將改變火星的面貌，有意識地讓它的環境變成較溫且適合人類居住，輔助我們開墾這個星球。做為長期規劃的起始點，如果可行，在火星上所採取的行動也必須同步知會在地球上的人。專家會根據現有的數據評估，給予地球化行動所要採取的建議步驟。

火星的表面和地球陸地相似，因此一旦首批人類在火星定居，就可能再建立其他的人類家園。愈來愈多人在火星定居，本質上是「保險」的措施。不僅確保人類在火星上生存，也能讓我們取得火星衛星和鄰近小行星的豐富資源。我們可以開採這些寶貴的資源來支持不斷增加的火星定居人口，也能幫助擴大星際商業和大型工業活動，造福地球。當然，有些人會堅持要建造飛往外太陽系循環太空船，讓人類繼續往宇宙邊界前進。

我們該怎麼做？

> 火星是人類在太空的未來的關鍵，它離我們最近，且擁有能支持生命和科技文明所需的資源。人類探索者的技能必須通過它的複雜度所帶來的獨特考驗，為後來的人類移居者鋪路。

這段話是美國火星學會會長羅伯特・祖比林（Robert Zubrin）所說的，他是富有創造力的太空航行工程師，該學會致力於推動火星探索和定居。談起他稱之為直達火星（Mars Direct）的策略——這是他草擬的人類永久定居火星的計畫——時，他總是充滿活力、熱情洋溢、滔滔不絕且堅定不移。

祖比林著有開創性且非常詳盡的《火星專案：定居紅

色行星計畫及其必要》一書，他提倡以簡約、依靠土地維生的策略進行太空探索，這能促成最少投資與最大成果。

雖然我的看法和直達火星策略不完全一樣，例如我傾向使用循環太空船並預先在火衛一上遙控建造火星居住艙，不過我很讚賞祖比林的積極天性，這將能加速人類朝向定居火星發展。

祖比林的火星藍圖採用現有的發射技術，並利用火星大氣生產火箭燃料、從火星土壤提取水分，最終還會利用火星豐富的礦產物資來完成建設需求。就像祖比林在計畫裡提到的，這麼做能大幅降低必須從地球運到火星的物質總量，這也是所有可行的火星探索和開墾計畫裡的關鍵因素。

直達火星策略的主要輪廓非常單純，火星學會的網站上有豐富資訊 www.mars society.org。

在執行的第一年，會發射地球返航載具（ERV）到火星，預計在六個月以後到達。降落在火星表面後，將會啟動由核反應推動的探測車製造回程所需的火箭燃料。13 個月後，表面火星的 ERV 將會滿載燃料。

下一個發射時間點是第一艘 ERV 發射後的 26 個月，這次會發射兩艘太空船，包括第二艘 ERV 以及一艘居住艙，這是太空人的太空船。這次會將 ERV 送進一條低耗能的路線，預計花八個月到達火星，這能讓它和居住艙到達火星的相同地點，以防第一艘 ERV 發生任何狀況。

要是第一艘 ERV 按照計畫運作，那麼第二艘 ERV 可以降落在火星的不同地點，因此能為下一組人員開闢新的探索區域。

登陸火星的一年半以後，第一組人員返回地球，留下伴有探測車的居住艙，以及所有正在進行的實驗。六個月後，他們降落在地球並接受英雄式的歡迎，而下一組 ERV ／居住艙則已經在航向紅色星球的旅途上。

在每次適合發射的時限內發射兩艘載具，一艘 ERV 和一艘居住艙，人類在火星上的居住空間就會愈來愈廣。

在地球上模擬火星探險

最終可以發送多艘居住艙到同一個地點，把它們連接在一起，就成了人類在火星上的第一個永久聚落。

為了測試計畫的可行性，火星學會已開始模擬火星任務，以檢驗補給需求、任務硬體，以及人員在類似火星環境下的協同工作能力。多年來，已經有志願者入住火星學會位於加拿大北極圈德文島的閃線（Flashline）火星北極研究站，以及猶他州南部漢克斯維爾附近的火星沙漠研究站，其他前哨基地位於澳洲內陸和冰島。

火星學會吸引志願者參加模擬火星情境生活的口號，和祖比林定居火星的計畫一樣直接：「努力工作、沒有薪水、永恆的榮耀」。

火星學會的運動人士跟我一樣，也察覺到可以好好開發那些認同成為火星移民先驅的價值的民眾，他們已準備

太空 X 公司正開發私人火星作業。

好抓住這個離開地球和居住在火星的機會。歷史告訴我們，人會願意為了偉大的探索功勳冒生命危險。回想美國維吉尼亞州詹姆斯鎮的建立，或是清教徒在麻州落腳的普利茅斯，這些都是建立永久移民的大膽單程旅途。

而這和定居在火星新世界的渴望有何不同？

紅龍計畫：民營公司與火星

前進火星不必是政府的活動。

由企業家伊隆・穆斯克（Elon Musk）於 2002 年 6 月創辦的太空探索公司（太空 X 公司，SpaceX），正主導一個民營計畫。穆斯克的財富部分來自共同創建與出售 PayPal（這是一個網路匯款和支付系統）。

飛龍號太空船在火星上的想像圖。

2012年5月，太空X公司創造了歷史，他們以自己的鷹隼九號火箭發射了飛龍號太空船，成為第一艘與國際太空站會合並對接的商業載具。飛龍號是能自由飛行、可重複使用的太空船，已與NASA的商業軌道運輸服務計畫簽訂合約。這個太空機構倡議是為了成為傳送人員和貨物到國際太空站的先鋒，不過後來這些任務轉交給民營公司承辦。太空X公司的飛龍號太空船由一個加壓艙和無加壓艙組成，能將貨物和人員送到近地軌道。

作為一個不安分的億萬富翁，太空X公司的伊隆致力讓他所創造的飛龍號衝破地球的邊界、深入太空。他的目標是火星。

根據太空X公司提出的概念（稱為紅龍計畫，Red Dragon），他們將先利用自己的鷹隼重型推進器，把偵查生命的科學設備送上火星。在完成這個任務的幾年後，就會將人類送上火星，時程規畫遠比NASA要快。NASA艾姆斯研究中心實力堅強的團隊幫助太空X公司充實紅龍計畫的技術細節，他們已草擬要利用太空X公司的太空船來搜尋火星過去或現存的生物，以及採樣已知儲藏在火星表淺層的水冰樣本。

這個計畫在未來幾年會如何發展，值得我們繼續關注。目前，伊隆熱衷於火星探險和移民。他表示長遠來看，人類往成為行星際物種的路徑邁進至關重要。他認為如果人類沒有朝這個方向發展，我們「只會一直困在地球上，直到發生嚴重的災難」。

多樣化的火星探測器

探勘火星有很多種方法。可以讓人員從火星軌道或在兩個衛星上面，遙控一系列的機器人探測車。登陸火星的人員也可以配置與操作同樣的設備，來推動並擴大在這個星球上的探索範圍。

可以遙控無人滑翔機和氣球飛上火星天空，地面則用穿透機、深鑽機器人和滑溜的機器蛇。可以藉由火星的微風推動裝載了感應器、類似風滾草的探測車，使用最少的能量就可以像蒲公英一樣在火星上滾動，偵察火星地形。還有能從一個地方跳到另一處的機器蝗蟲……，以及另一種擁有「科學鼻」的特殊設備，能嗅出地底微生物製造並釋放到火星空氣中的微量生物性甲烷。

登陸的初期會利用攜帶無菌特殊器具的機器人，去詳細了解火星的水分，因為有水的地方可能就有生命。

這裡是一些為了探索火星的各種地勢所研發出來的可攜帶裝備的機器，有的可以點對點跳躍，有的可以耙土，甚至能飛上天空。

- **艾克塞探測車系統**（Axel Rover System）是輕質量

機器人，能垂降峭壁，以及在陡峭地形靈活運作。它能偵察峽谷、沖蝕溝、裂縫和隕石坑。艾克塞可以倒立或正立運作，還能挖取材料供日後分析。艾克塞可以從固定端（更大的著陸器或探測器）藉由繫繩垂降，進行大膽的下坡任務，而人類可能會認為這種障礙過於困難或危險。

- **航空區域級火星環境調查**（Aerial Regional-scale Environmental Survey of Mars, ARES）裡的機器人飛

要在火星上的險要地形上偵查，必須使用特別設計的
自動化探測車，圖中配備繩索的探測車可以應付陡峭的地形。

機能飛越火星。它負責眾多高空任務，包括尋找可能的生物性氣體和火山氣體、檢驗火星大氣、偵察適合執行樣本回送任務的地點，甚至是幫忙找出未來火星基地的落腳處。

- **追蹤居住可能性、有機體和資源計畫**（Tracing Habitability, Organics, and Resources, THOR） 使 用發射體搜索火星表面下可支持微生物生活的水冰。THOR 的目標是利用直接撞擊的方式，將火星表面下的物質炸上來，接著再由航行在軌道上的太空船進行分析。
- **核動力「蝗蟲」**（Nuclear-powered hopper）從火星上的一個地點跳到另一處，並且在每個區域進行檢驗。一整組這種火星跳躍機器人可以在短短幾年內，快速繪製大範圍的火星表面圖。機器蝗蟲吸收火星大氣裡含量豐富的二氧化碳作為推進劑，在每一個地點推動科學進展。一有需求，來自放射性同位素動力源儲存的熱量會啟動推進劑，讓機器蝗蟲以弧形軌跡彈射到新的著陸點。

載入名冊：MAVEN 與 InSight

未來要派遣機器人到火星，對 NASA 和其他機構來說仍是經費短缺。不過 NASA 已得到資金，將分別在 2013 年和 2016 年派太空船前往火星。其中一艘是軌道太空船，另外一艘是登陸載具，兩者都能增加我們對火星的認識，包括火星的過去以及它如何與我們的未來結合。

進行「火星大氣和揮發物演化任務」（Mars Atmosphere and Volatile EvolutioN，MAVEN）是為了調查火星的上層大氣、電離層以及其大氣與太陽和太陽風的交互作用。MAVEN 的目標是揭露大氣氣體隨著時間流散到太空，對火星氣候變遷的影響。那些大氣和水分去哪了？基本上，這艘軌道太空船是要了解火星氣候為何如此嚴酷。

盤旋在紅色行星上，MAVEN 的感應器套組將測量火星大氣損失的揮發性化合物，例如二氧化碳、二氧化氮和水分。這個調查能讓科學家檢視過去火星大氣和氣候的歷史、評估液態水的情況，並解開這個星球變得愈來愈不適合生命居住的原因。

NASA 在 2012 年 8 月定案，將於 2016 年發射洞察號（InSight）執行火星任務。洞察號這個活潑的名字，代表了「利用地震調查、大地測量學和熱傳輸進行內部探索」（Interior Exploration using Seismic Investigations, Geodesy and Heat Transport），它說明了一切。洞察號將取得火星內部和結構的核心性質。

火星核心是固體，或像地球一樣是液體？收集到的數據能幫助科學家更加了解類地行星的形成和演化。洞察號

ARES 機器人飛機可以檢驗火星大氣的化學性質。

THOR 計畫預計利用發射體來搜查火星表面。

構想中的核動力蝗蟲在火星不同地點跳躍。

攜帶先進的地球物理裝備，將深入火星表面之下，檢測類地行星形成過程的痕跡，以及測量火星的「脈搏」（地震學）、「體溫」（熱流探測）和「反射」（精確追蹤）。

一旦登陸火星，這艘載具會待在火星上一整年（等於是地球的兩年），測量它的心跳和生命跡象。

洞察號使用一種名為 Tractor Mole 的鑽孔機深入火星表土，其內部有一個錘子上下擺動，讓背後繫著一條繩子的探頭進入土壤中。這部德國建造的鑽孔機將探入地下 5 公尺處，此時它的溫度感應器會判斷有多少來自火星內部的熱量，這能揭露火星的熱史（thermal history）。

洞察號登陸器配備了一個地震儀，能精確測量地震和其他火星內部活動。藉由洞察號和地球之間傳送無線電訊號，能讓研究人員精確衡量火星的擺動，這個技術能用來判斷這顆紅色行星內部結構的分布，以及了解它的形成過程。

通往火星的電扶梯

關於開墾火星，我用的策略是普度／艾德林循環太空船。要理解這個運輸系統前，請先記住兩個術語：循環軌跡和循環載具。

我相當景仰普渡大學的航空太空學教授詹姆斯・隆格斯基，也曾與他長期共事。我們與他的同事制訂一個發射大型太空船的策略，將能提供輻射防護和寬敞空間，以確保太空人員前往火星和返回地球旅程的安全與和舒適。

循環軌跡是循環載具行駛的路徑。在很多方面，它們可被視為太空載具的高速公路。循環軌跡是繞著太陽的一套不斷重複使用的路徑。這些軌跡是利用天體力學的法則找出來的（本質上是牛頓定律）。

有趣的是，為了打造 21 世紀永續的太空運輸架構，我是仰賴薩克 · 牛頓爵士在 1687 年首度出版的《自然哲學的數學原理》一書中的運動定律。牛頓運動定律導出三條物理定律，形成天體力學的基礎，其中描述作用在物體上的多種力量之間的關係，以及這些力量所共同造成的物體運動方式。我的循環軌跡設計有賴這些法則。

「艾德林循環」（Aldrin Cycler）是繞過太陽、飛掠地球和火星的一條循環軌跡，一趟需要 2 又 1/7 年，接著每 2 又 1/7 年重複一次。如果有載具被發射到艾德林循環軌跡上，它就會沿著路徑不斷在兩顆行星之間穿梭，無需使用太多的推進劑就能保持在軌道上。

循環載具飛過地球時並不會停下來，太空人必須登上一艘小型但快速的太空計程車來趕上循環載具。循環載具就像公車一樣，一遍又一遍地重複行駛，但它從不停船。作為未來的太空旅行者，你必須跑快一點才能上船！

不過一旦太空人登上循環載具，就可以放鬆享受前往

NASA 的 MAVEN 任務將探查火星的上層大氣。

火星的航程。當他們抵達火星，必須迅速登上一個小型載具進入火星大氣層。如果沒有在火星下船，那麼他們將在離開地球的 2 又 1/7 年後回到地球。

採用艾德林循環軌跡到達火星只需不到六個月。但是，沒有登陸火星的太空人將得多花 20 個月的時間才能回到地球。我在普渡大學的同事找出這條艾德林循環軌跡，從火星到地球是六個月的短途航程，而從地球到火星則是 20 個月的長途航程。

因此，完整的地球到火星載人運輸系統將包括兩艘循環載具：一艘使用「遠離地球」或「上行電扶梯」的軌跡

未來的火星登陸載具「洞察號」將調查火星的內部地質。

到達火星，另一艘沿著「駛向地球」或「下行電扶梯」的軌跡。

一旦建造好這些循環載具並放置在繞行太陽的軌道上，它們將持續自由地來回航行。雖然維持在艾德林循環軌跡上的航行偶爾還是需要推進劑，不過燃料的成本不算高。

那麼最大的挑戰是什麼？

艾德林循環在地球和火星需要極高的會合速度，在地球標準是每秒 6 公里（時速 2 萬 1600 公里），在火星則是每秒 10 公里（時速 3 萬 6000 公里）以上。這種速度讓太空計程車很難趕得上。我們可以想像：如果一輛公車的時速是 5 公里，乘客可以輕鬆上車，但如果時速是 50 公里可就難了！

我們能解決這種高速會合的問題嗎？是的。

我的艾德林循環概念，已經激發出更多人尋找其他的地球－火星循環概念。舉例來說，有使用電推進的「低推力」循環載具，這能降低會合的速度。也有的利用「四艘」循環載具在 4 又 2/7 年完成一趟航行。還有需要三艘循環載具的三會合週期（three-synodic-period）動力循環太空船。甚至有的概念只用到一艘循環載具。

這些新的循環飛行概念都是衍生自我原來的艾德林循環，每一種飛掠地球和火星的速度都慢很多，它們各有優缺點。一如既往，必須考量到成本因子，因為利用愈多載具代表成本愈高。總體而言，動力推進和低推力循環載具仍須仰賴推進技術的進展，不過這類成果指日可待。

那麼，我們究竟應該怎麼去火星？

最好且最有效率的方法仍在密集審查中，但是我很高興能和大家分享：未來人類太空旅行在地球－火星運輸系統的發展上，普渡／艾德林循環太空船和它的後代子孫將一直是重要的任務設計概念。

阿姆斯壯和巴茲・艾德林在月球上豎立美國國旗。

第八章

號角響起

人類注定要往外探索、移居，向宇宙擴展。

要做到這些，我們迫切需要重啟美國的太空計畫。一個統一的太空願景可以在美國和其他地方燃起新一波支持和參與的浪潮。這能真正激勵太空探險，並促使年輕人進入科學、技術、工程和數學領域。年輕的讀者可能已經聽過他們父母或祖父母說：「世界在你們手中。」我想要進一步說：「很多世界都在你們手中。」

我年輕的時候，並非我們家附近唯一一個喜歡仰望天空，夢想前往月球或踏上其他行星的人。我是科幻小說的讀者。那個時候沒有人去過太空。每個人，包括我在內，都得依靠想像力，編造實現這種夢想的途徑。

年輕的讀者，你會不會是第一個踏上火星的人呢？你甚至可能是第一批移民火星的人之一。有很多沒有人想過的任務有待完成，有賴我們為了到達過去無人可及的星球所做的努力。

地球不再是我們唯一的世界了。

未來 25 年踏出地球的太空航行，也將推動下一波科技創業。對於全新視野的追尋將加強美國的全球領導地位，並鼓勵航太國家之間的國際合作。

在我們的太陽系建立家園，是一個不斷向外、往更遠處延伸的過程，直到到達彼方的恆星。

2012 年，我失去阿姆斯壯這個好友暨太空探索的同伴，我深感悲痛。阿姆斯壯、柯林斯和我一起受訓，為了執行重大的阿波羅 11 號遠征任務，我們了解當初面臨的技術挑戰，以及那趟歷史性旅程的重要性和深遠影響。現在我們會因為同為 1969 年阿波羅 11 號登月任務的太空人，永遠被後人視為一體。然而，對當年見證了這項人類卓越成就的數百萬人而言，我們並不孤單。估計地球上有 6 億人（在當時是史上最多人同時收看同一電視節目），看著阿姆斯壯和我漫步在月球上。

每當我凝視月亮，總覺得置身於時光機。就像回到約 45 年前，那個寶貴的一刻，我和阿姆斯壯站在令人敬畏卻相當美麗的「寧靜海」。我們同時仰望著那顆閃耀、高懸在幽暗太空中的藍色地球。我如今了解，即使當時我們

2009 年 7 月，阿波羅 11 號機組成員巴茲、
阿姆斯壯和柯林斯共同慶祝完成任務 40 週年。

是離地球最遠的兩個人，其實我們只是各界參與者的先頭部隊。可以說當時整個世界都與我們一同進行這場難忘的旅程。

阿姆斯壯逝世後，我和世界各地數百萬人共同哀悼這位真正美國英雄的離去，他也是我認識最優秀的飛行員。我從來沒想過阿波羅 11 號任務的指揮官，會是我們當中第一個離開的人。

我的朋友阿姆斯壯跨出的一小步，卻是改變世界的一大步，他將成為代表人類歷史上一個開創性時刻的人物，永遠被人懷念。

我一直真心期待 2019 年 7 月 20 日那天，阿姆斯壯、柯林斯和我能出席登月 50 週年紀念。遺憾的是，這將無法實現，不過阿姆斯壯的精神一定會與我們同在。當然，如果可以一起出席，我們會共同支持繼續擴展人類的太空生存空間。因為我們那次的阿波羅 11 號任務，對人類今天的太空擴展能力小有幫助。但是，美國和世界各地的人都會想念這位最重要的航空太空領域先驅。

阿姆斯壯並不把阿波羅 11 號任務視為終點。相反地，他把我們在寧靜海基地降落，看成人類前進宇宙首度跨出的一小步。他是一位才華過人的工程師、優秀的太空人和領導者。是的，他說話輕聲細語有節制，安靜地在幕後倡導太空探索。他不求登月的名聲或榮譽，他知道是因為太多其他人的努力，才讓我們的登月行動得以達成。

願阿姆斯壯對人類太空命運的願景，成為他的遺澤。就像他曾經說過，仍有許多「超乎我們所能相信的地方要去」。

我們定期拜訪白宮時，與好幾任總統討論美國的太空政策時，都表達過這個感想。有時候話題會轉向下一步該往哪裡走：重返月球還是前往火星？對我來說是火星，不過阿姆斯壯不同意。他認為我們進一步尋找其他挑戰前，還能從月球學習到很多。儘管我們有時對於下一個目的地和如何前往那裡的最佳方式，看法並不一致，不過我們有一個相同而堅定的信念：美國必須領導太空探索。

阿姆斯壯的離世，也提醒我們緬懷那些讓太空探索夢想成真而付出生命的人：阿波羅 1 號、挑戰者號和哥倫比亞號太空梭的太空人。我們可以重新展現對太空探索的承諾和決心，並以同樣的毅力和耐心實現追求卓越的承諾（這也是阿姆斯壯的人格特質），以此來表彰他們，以及在全國民眾面前宣告展開登月任務的甘迺迪總統。

繼續走出去

我呼籲下一代太空探險家和領導者，現在是繼續往外走、超越月球的時候了。

我們三個人搭乘阿波羅 11 號，橫過漆黑、真空的太空，從非常有能力的競爭者前蘇聯手中，和平地贏得這場競賽。阿波羅 11 號任務的核心是領導。一個年輕的美國總統挑戰自我（也挑戰所有美國人）要大膽作夢，而非從我們共同的太空願景撤退。甘迺迪總統激勵我們選擇一條確實很不容易的道路。實際上這是非常艱難和大膽的目標。不過它讓美國更好，最終促成冷戰的結束。

能成為阿波羅 11 號任務的一分子，並分享在我們在美國太空計畫的巔峰時刻，是一種榮譽和恩典。有人回味那一刻，並提出這樣的問題：美國是第一個登上月球的國

2012 年 9 月，巴茲 ・ 艾德林參訪伊利諾州紹恩柏的
巴茲 ・ 奧德林小學，鼓舞下一代。

家代表了什麼？不過該問的問題是，美國現在能憑著數十年前的成就做些什麼？

阿波羅 11 號任務根植於探索，目的在於藉由冒險取得科學和工程上的巨大回報、在於領先全世界設定一個野心勃勃的目標，然後凝聚政治意志和國家手段來實現它。即使在今天，阿波羅任務還是顯得相當大膽。回想那個時候，我們還是為當時眾人付出的巨大努力而感到激動，這些努力來自各行各業的團隊合作，從大公司和小企業，大家攜手合作，只為了達成一個長期目標，實現一個輝煌成就。

阿波羅 11 號的組員背後，是數十萬美國勞動者的支持，這是全世界最有執行力的團隊組合。這個團隊包含科學家和工程師、冶金學家和氣象學家、政策制定者和飛航指引者、領航員和太空衣測試人員，以及工廠的生產人員，例如為每一件客製化太空衣縫製21層纖維的裁縫師。為了我們和其他阿波羅探險任務，他們付出生命和專業能力，他們的思想和心靈。這些美國人和我們一起努力實現承諾和品質，為了超越未知的事物。

所有這些經驗都值得今天重新學習。是的，我們活在困難的時刻，我們也會一起面對這些挑戰。

我相信勇敢邁向太空不僅反映我們這個國家的偉大，反過來也能號召我們尋求改善地球生活的發現。我也察覺到國家的領導力和美國人民的團結合作，都是我們得以克服障礙的要素。阿波羅 11 號是一個偉大的國家和一個偉大的民族能力的象徵，讓我們知道只要強力領導者有願景和決心，透過我們齊心努力，沒有辦不到的事。

而今天阿波羅 11 號對我們的意義是，實現探索太空的夢想靠的是決心，這也是我們要傳達給下一代的訊息。

我對未來太空的願景是建立在阿波羅任務的精神上。但是這一次不再是登月競賽。相反地，我將月球視為一個真正的踏板，通往一個更令人振奮、更適宜居住的目的地。月球應該變成所有國家的新共享區域，而我們應該為了美國的未來航向火星！這並非遙不可及。

隨著美國太空企業經營者開放太空航線給數百名普通

觀光客，未來已經逐漸成形。我設想這個未來將建立在國際空間站，這個在軌道上運行的地方應該成為所有國家的研究中心，包括印度、中國和其他打算探索太空的國家。

未來，我們會登上新的可重複使用太空船，前往地球軌道，這種太空船是目前退役太空梭的接班機種。這些都是多功能的國際和商業太空船，能在跑道上降落，並支援各種太空任務。

太空站是測試長時間維生設施的理想平台。我們必須利用建造太空站的專業知識，設計專用的居住艙、行星際飛行載具和太空計程車，這些硬體設施必須能和獵戶座式的人員載具結合，共同執行往返地球和月球的任務。這些循環載具最終會駐紮在月球附近，也就是我在前面提到過的超越近地軌道的特殊落腳處：地球與月球間的 L1 和 L2 點。一旦就定位，他們可傳輸訊號，也可充當加油站。善用這些循環載具，我們也能飛掠彗星、攔截小行星，尤其是來勢洶洶的小行星 Apophis。

以上只是簡單列出什麼是可行的。

誰知道未來會帶來什麼，誰知道科技會突然出現什麼進展，或者物理學會有什麼尚未發現的新啟示？利用重力波推進、利用太空電梯通往月球、利用衛星在太空中進行電力的點對點傳輸，或是第一次與外星智慧接觸？所有這一切，都是我們 21 世紀新知追求的一部分，也是持續獲得新發現的過程。

就像過去單人座的水星號太空艙和兩人座的雙子星太空船造就出阿波羅任務一樣，藉由一步步達成目標，我們向外探索的腳步將愈來愈遠。太空探索的漸進式目標設定是：對鄰近的月球進行跨國性的商業利用，在火星內側的衛星火衛一完成幾次人員登陸任務。這些是 在火星上建立家園」這個劃時代的、具里程碑意義的承諾實現之前的序曲。

如果我們擁有集體的願景、決心、支持和政治意志——阿波羅任務清楚告訴我們這些元素是可以緊密相連的——那麼這些英勇的探索任務就是我們可以做到的。

我有一封時光信，要給贏得 2016 年美國總統大選的候選人。

2019 年 7 月人類首度登上月球的 50 週年紀念場合，是發表一項大膽聲明的機會：「我相信美國應該對自己許下諾言，20 年內要讓美國人永久居住在火星上。」

要說出這樣的宣言，必須先能回答這一組問題：

美國人，你還有偉大的夢想嗎？

你還相信自己嗎？

你準備好迎接一場全國性的大挑戰了嗎？

我呼籲我們下一代的太空探險家和政治領導人，說出肯定的回答：是的！

將眼光從月球，移向小行星與火星。

附錄

附錄

太空探索願景的變遷

✪ ✪ ✪

以下時間表列出自 20 世紀中期以來，美國歷屆總統的太空探險政策與行動，以及相關重要演說的精華片段。

德懷特 · 艾森豪（執政期間 1953-1961）

1957 年 10 月，蘇聯發射了世界第一顆人造衛星「史波尼克一號」，當時的美國總統是德懷特 · 艾森豪。此一劃時代的事件震驚了美國，引發兩個超級大國之間在冷戰時期的太空競賽，並促使美國在 1958 年創建 NASA。

然而，艾森豪並沒有被太空競賽的短期目標沖昏頭。他認為審慎發展以無人太空船執行任務更重要，日後在商業或軍事領域可能有很大的回報。

舉例來說，早在蘇聯發射「史波尼克一號」之前，艾森豪已授權發展彈道飛彈和科學衛星計畫，這也是 1957 至 1958 國際地球物理年計畫的子計畫之一。1958 年 1 月 31 日，美國第一顆衛星「探索者一號」成功升空。到了 1960 年，美國則發射了偵察衛星「發現者 14 號」，並接收到拍攝影像。

約翰 · 甘迺迪（1961-1963）

約翰 · 甘迺迪總統在 1961 年 5 月 25 日於國會發表的著名演說，有效地主導了 NASA 在 1960 年代的路線。他隔年於德州又重申了一次裡面提出的大膽承諾。

蘇聯於 1957 年發射「史波尼克一號」後，太空人尤里・加加林在 1961 年 4 月 12 日成為到達太空的第一人，時間點就在甘迺迪發表演說的六個星期前。彼時美國除了在太空競賽中受挫，推翻蘇聯支持的古巴領導人菲德爾・卡斯楚（俗稱「豬玀灣事件」）的計畫，也在 1961 年 4 月慘遭失敗。

甘迺迪和他的顧問團認為他們得想個辦法打擊蘇聯，以重建美國的威信及證明美國的國際領導地位。於是他們提出了要在 1960 年代末期派太空人登上月球這樣一個野心勃勃的計畫，此即甘迺迪在演講中述說的承諾。

阿波羅計畫因而誕生，NASA 便著手實踐這個將人類送上月球的緊急任務。當然，NASA 在 1969 年成功了。在 1972 年阿波羅任務結束前，美國總共為此投入 250 億，換算成現值則遠超過 1000 億。

關於國家緊急需求的國會特別咨文

1961 年 5 月 25 日在華盛頓特區對國會兩院聯席會議發表的演說

現在是非常時期，而我們正面臨非比尋常的挑戰。我們的實力及信念，促使我國擔負起以自由為目標的領導角色。

這是歷史上最困難也最重要的角色。我們擁護自由，這是我們對自己的信念，也是我們對其他國家唯一的承諾。我們的盟國、中立國與敵國，都不應心懷其他念頭。我們不會與任何人、任何國家或任何系統對抗，除非它仇視自由。我在這裡不是要提出新的軍事學說，也不會提及任何一個名字或針對任何一個領域。我在這裡，是為了提倡自由學說……

現在世界各地充滿自由與暴政之間的戰役，如果我們想贏得勝利，幾個星期前太空領域的巨大成就，就跟 1957 年的「史波尼克一號」一樣，應該讓我們心裡很清楚了，這種探險對人類的影響無遠弗屆……在副總統暨國家太空委員會主委的協助下，我們開始審視我們的強項與弱點，以及做哪些事我們可能會成功、哪些卻會失敗。現在是時候該邁開步伐向前了，此時正是美國開創一個偉大新興企業的好時機，也是我國在太空領域扮演明確主導角色的好時機；從許多方面來看，太空可能也蘊含人類未來的關鍵。

我相信我們擁有所有必需的資源和人才，但實際上我們從來沒有做出國家性決策，或整合取得領導地位所需的國家資源。時間表如此緊迫，我們卻從未明確提出長期目標，也沒有善加管理我們的資源和時間以確保任務達成。

我們知道蘇聯已以大型火箭搶得了先機，這可讓他們站穩好幾個月的領導地位，我們也知道他們將利用此一領先達成更令人驚嘆的成就；儘管如此，我們自己仍須做出新的努力……太空正對我們張開雙手；

我們渴望在太空中占有一席之地，不是被別人的努力牽著走。我們上太空是因為這是全人類責無旁貸的使命，也是自由人無可規避的責任。

因此，我請求國會盡可能再提高我先前要求為太空活動增加的預算，這是為了達成以下國家目標所需的經費：

首先，我認為我們國家應該承諾在這十年內，達成讓人類登陸月球並安全返回地球的目標。現階段這個太空計畫對於全人類而言將是最具衝擊性的，就太空探險的長遠發展來說也將是最重要的，要實現它也是最困難或說最昂貴的……

其次，多追加的 2300 萬，連同原有的 700 萬，將加速核動力火箭「羅孚號」（Rover）的發展，為我們有朝一日能執行更令人興奮且更有野心的太空探險增添希望，或是去到比月球更遠的地方，又或是到達太陽系的邊境。

第三，多追加的 5000 萬能加速太空衛星在全球通訊的運用，讓我們站穩領導地位。

最後，多追加的 7500 萬，其中 5300 萬是給氣象局的，這筆款項將幫助我們儘早建立起觀測全球氣象的衛星系統。

讓我說明白一點——而諸位國會議員最終都必須就此事做出判斷——讓我說明白一點，我是在要求國會和國家接受一個針對全新行動而許下的堅定諾言，這個過程將持續許多年，而且會帶來非常沉重的負擔：1962 財政年度裡的 5 億 3100 萬，未來五年預計還要多付出 70 至 90 億。如果我們半途而廢，或者遇見困難便俯首稱臣，我的判斷會是那最好一開始就哪兒都不去……

這是我們為一個國家所能做的最重要決定。但是你們過去這四年來已經看到太空和太空探險的重要性，沒有人能準確預測統治太空的終極意義為何。

我相信我們應該去月球。但我認為這個國家的所有公民及國會議員在做出判斷前應該要慎重考慮，我們也已關注這個議題好幾個星期和好幾個月了，它將是沉重的負擔。除非我們準備好放手一搏，並肯為了成功咬牙苦撐，不然認同或希望美國在太空站穩地位是沒有意義的……

這個決定要求國家承諾在科學和技術人力、物資和設施等層面給予大力支援。

如果只是有新目標和新財源，並不能解決這些問題，反而可能讓問題更嚴重——除非每一位科學家、工程師、維修人員、技術人員、承包商和公務員都願意立下誓言：我國將在令人興奮的太空探險旅程中全速前進、任意遨遊……

在萊斯大學發表的關於國家太空發展的演說

1962年9月12日在德州休士頓

我們在這個以知識聞名的大學相會，在這個以進步聞名的城市相會，在這個以力量聞名的州相會，而這三者正是我們現在所需要的，因為我們處於一個變化與挑戰的時刻、一個充滿希望與恐懼的十年、一個知識與無知並存的時代。我們獲得的知識愈多，顯露出來的無知也就愈多。

儘管顯而易見的事實是，絕大多數舉世知名的科學家都還活著、也還在努力；儘管我國的科研人力每12年增長一倍，是我們整體人口增長速度的三倍不只。儘管如此，未知、未解答和未完成的事物仍連綿不絕，遠遠超出我們所有人的理解力。

沒有人能確知我們可以走多遠，可以走多快……這是讓人喘不過氣的步調，而且這種步調在驅散舊弊病的同時，也不免製造出新弊病、新的無知、新的問題與新的危險。太空事業的回報確實很高，但花費和難度也很高。

因此，不難理解有些人要我們在原地停下來再等一會兒。但是休士頓市、德州和美國不是由那些裹足不前、瞻前顧後的人所建立。這個國家是由不斷前進的人所征服，太空也是。

1630年威廉・布拉福在普利茅斯灣殖民地建立儀

式上表示，所有偉大光榮的行動都伴隨巨大的困難，必須拿出足夠的勇氣來面對與克服……

然而，我國的誓言唯有在我們確實是、也想要成為人上人的情況下，才得以實現。簡言之，我們在科學和工業的領導地位，我們對於和平和安全的渴望，我們對於我們自己和他人的責任，所有這一切都要求我們做出努力，為了全人類的利益解開這些謎團，並成為世界頂尖的航太國家。

我們涉足這片陌生的海域，是為了獲取新的知識、贏得新的權利，而且我們非贏不可，因為這事關全人類的福祉。太空科學如同原子科學和其他技術，本身並沒有任何意識。它將成為善或惡的力量是取決於人類，而唯有美國取得優先地位，我們才得以決定這片海域將是一片祥和還是淪為恐怖的戰場。……我真的認為探索和掌控太空是可以在不點燃戰火的情況下做到的，不會重蹈過去人類為擴張領土而犯下的錯誤。

目前在太空領域還沒有出現紛爭、偏見與國家衝突。它對我們所有人都不友善的，但它值得全人類盡最大努力去征服，而且和平合作的良機可能永不再來。但有些人會問：為什麼是月球？為什麼選擇登月作為我們的目標？他們或許也該問問：為什麼要登上最高的山峰？為什麼35年前要飛越大西洋？為什麼萊斯大學要與德州大學競爭？

我們選擇前進月球。我們選擇在十年內登陸月球和執行其他任務，並非因為這些事很容易做到，而是因為很困難，因為這個目標將有助於組織和衡量我們的優勢和技能，因為這是一個我們樂於接受的挑戰，一個我們不願推遲、打算要贏的挑戰。其他挑戰我們也要贏下來。

就是這些理由讓我決定在去年調高太空計畫的重要程度，並將此視為我在本屆總統任內最重要的決定之一……

過去 19 個月中至少有 45 顆衛星在太空繞行地球，其中約有 40 顆標記著「美國製造」，它們比蘇聯的衛星更精密，提供全世界人民更多知識。……我們經歷過失敗，但是別人也經歷過，就算他們不承認。而他們的失敗也就可能比較不為人知。

我們在載人太空飛行方面無疑是落後了，並會持續落後一段時間。但是我們並不打算一直落後，這十年內我們將迎頭趕上。

我們所獲得有關宇宙和環境的新知識，將會充實科學和教育的發展……

最後，仍處於新生階段的太空事業，已經催生很多公司與上萬份工作機會。太空及其相關產業帶來投資和專業人力的新需求，而這個城市、這個州和這個地區在這波成長中將大為受益……在接下來的五年，

NASA 預計要倍增這個地區的科學家和工程師人數；把工資和開支提高到每年 6000 萬；投資工廠和實驗室設施兩億；管理或承攬該城航太中心為在太空取得新進展而投入的十億多巨額。

這顯然會花去我們一大筆錢。今年的太空預算是 1961 年 1 月的三倍，比過去八年的總和還要多……

我認為我們必須付出應該付的。我不認為我們應當浪擲千金，但我認為我們當付諸實踐。這個任務必須在 1960 年代實現，它有可能在你們之中某些人還在這裡求學時就達成。它會在臺上諸位任期屆滿之前實現。總之它一定會實現，而且是在這十年內。

我很高興這所大學參與了登月計畫，這是美國國家事業的一部分。

多年以前，偉大的英國探險家喬治 · 摩羅利（最後死於聖母峰）曾被問到為何要攀登聖母峰。他回答：「因為它就在那兒。」

太空就在那兒，而我們將要攀登它；月球和其他行星也就在那兒，獲得知識與和平的新希望也就在那兒。最後，在我們啟程之際，我們祈求上帝護佑這個人類有史以來最危險也最偉大的探險。

林登 · 詹森（1963-1969）

美、蘇太空競賽的升溫與縮減規模，林登 · 詹森總統都在其間起了相當作用。

1950 年代晚期詹森是參議院多數黨領袖，他提醒大家「史波尼克一號」是個警訊，強調發射衛星啟動了「太空控制權」的競賽。後來，甘迺迪讓詹森（他的副總統）親自負責全國的太空計畫。在甘迺迪遇刺後詹森接任總統職務，繼續支持阿波羅計畫的目標。

然而，詹森推動的「偉大社會」政策花費太高，再加上越戰，迫使他削減 NASA 的預算。為了避免將太空控制權讓給蘇聯（如同某些歷史學家的主張），詹森政府提議訂立協議，明文禁止在太空使用核武及禁止國家對天體擁有主權。

具體成果是 1967 年的外太空條約（OST），後來沿用至今成為國際太空法的基礎。所有主要航天國家都批准了 OST，包含俄國及其前身蘇聯。

理查 · 尼克森（1969-1974）

NASA 所有的載人登月任務都是在理查 · 尼克森總統任內發生。不過，阿波羅計畫早在甘迺迪和詹森任內就已啟動，因此尼克森影響最深遠的美國太空活動政策，應該是太空梭計畫。

1960 年代晚期，NASA 高層就開始草擬極富野心的計畫：在 1980 年建立人類月球基地，以及在 1983 年將太空人送上火星。但尼克森拒絕了這些提議。

1972 年，他批准太空梭的發展，從 1981 年起之後的 30 年，太空梭成為 NASA 的主力太空飛行器。

也是在 1972 年，尼克森簽署 NASA 和蘇聯太空機構之間的五年合作計畫。這個協議促成 1975 年的阿波羅號 - 聯合號測試計畫，由兩個超級大國合作進行太空任務。

傑拉德 · 福特（1974-1977）

傑拉德 · 福特總統在任不到兩年半的時間，因此沒有多少時間能塑造美國的太空政策。然而，他持續支持太空梭計畫的發展，儘管在 1970 年代中期，某些人要求經濟困難時期應擱置太空計畫。

福特還在 1976 年簽署創立白宮科技政策辦公室（OSTP）。此辦公室會就科學和科技可能對國內和國際事務產生的影響，向總統提出建言。

吉米 · 卡特（1977-1981）

吉米 · 卡特總統在他僅一屆的總統任期內並沒有制定大型與富有野心的太空飛行目標。不過，他領導的政府確實在一些太空軍事政策有所突破。

雖然卡特想要限制太空武器的使用，他還是簽署了 1978 指令，這個指令強調太空系統對國家生存的重要性，以及政府願意持續發展反衛星能力的必要性。

1978 公文幫助美國建立起太空政策的主要架構：在太空自衛的權利。它讓美國軍隊視太空為可能發生戰爭的場所，而非只是用來放置設備以協調和增強地面行動的地方。

羅納德・雷根（1981-1989）

羅納德・雷根總統大力支持 NASA 的太空梭計畫。1986 年太空梭「挑戰者號」爆炸，他向全國發表了動人的演說，堅稱該悲劇不會阻止美國繼續探索太空（摘錄請見下頁）。「未來不屬於懦弱的人，而是屬於勇敢的人，」他說。

與他對自由市場力量的信念一致，雷根希望提升民營部門參與太空任務的程度並簡化流程。他在 1982 年發布一份政策聲明表明此意。兩年後，他的政府設立商業太空運輸處，目前這個機構主掌協調商業發射和重返地球的業務。

雷根也堅信必須強化國家的太空防禦能力。1983 年他提出雄心勃勃的「國家戰略防禦計畫」（SDI），該計畫將在太空和地面部署飛彈和雷射網絡，以保護美國不受核導彈攻擊。

當時許多觀察家認定國家戰略防禦計畫不切實際，這個計畫被標記為「星球大戰」，以強調其中的科幻性質。SDI 從未獲得完全發展或部署，不過其中一部分成為目前一些導彈防禦技術和策略的基礎。

就太空梭挑戰者號爆炸一事對全國發表的演說

1986 年 1 月 28 日在華盛頓特區

各位女士、各位先生，我今晚原本打算進行國情報告，但今天稍早時發生的事件，使我改變計畫。今天是哀悼和追憶的一天，南希和我由衷為挑戰者號太空梭的爆炸感到痛心。我們知道全國人民和我們一樣悲痛。這真的是國家的一大損失。

差不多整整 19 年前，地面上發生的一起可怕事故讓我們失去三名太空人。但我們從未在空中損失過太空人，從來沒發生過這樣的悲劇。也許我們已經忘了太空梭機組人員需要的勇氣。挑戰者號的七名太空人很清楚危險性，但他們克服了，並漂亮地完成了任務。我們在此哀悼這七位英雄：麥可 · 史密斯、迪克 · 斯科比、朱迪斯 · 雷斯尼克、羅納德 · 麥克奈爾、埃利森 · 鬼塚、格雷戈里 · 賈維斯與克里斯塔 · 麥考利夫。我們全國一同向他們致哀。

至於這七名太空人的家人，我們無法想像這個悲劇對你們造成的衝擊有多巨大。但我們能體會你們喪失親人的悲痛，也非常關心你們的處境。你們的親人如此大膽與勇敢，他們擁有特別的恩典和精神，他們說：「給我一個挑戰，我會喜悅地迎接它。」他們如此渴望探索宇宙和發現真理。他們希望服務群眾，並且真的做到了，他們服務了我們所有人。在本世紀，我們已逐漸習慣驚奇，不再輕易發出讚嘆。這25年來，美國太空計畫的情況就是這樣。我們已逐漸習慣往太空去，但或許我們忘了我們才剛剛開始。我們還在開拓太空，而挑戰者號的成員就是開拓先驅。

我想對觀看太空梭起飛現場直播的美國學童說幾句畫。我知道這很難理解，但有時痛苦的事情就是會發生。這是所有探索和發現過程的一部分，這是把握機會和擴大眼界的一部分。未來不屬於懦弱的人，而是屬於勇敢的人。挑戰者號的機組人員牽引我們走向未來，我們將繼續追隨他們。

我一直對我們的太空計畫抱持很大的信心與尊重，而今天發生的事情完全不會撼動我的看法。我們從不隱瞞我們的太空計畫，我們不保留祕密並掩蓋事實。我們在公眾面前進行一切行動。這就是自由的形式，我們一刻都不會改變。我們將繼續我們對太空的探索。在太空領域，將會有更多的太空梭與機組人員，以及，是的，更多的志願者，還有更多的政府官員和教師。一切不會這樣結束，我們將持續我們的希望與旅程。我想補充一點，我希望可以讓每一位任職於NASA或曾參與這項任務的先生與女士知道，我想告訴他們：「幾十年來，你們的奉獻和專業讓我們感動也印象深刻，而我們了解你們的痛苦，我們會一同分擔。」

今天出現一個巧合。390 年前的今天，偉大的探險家法蘭西斯 ‧ 德瑞克爵士死於巴拿馬海岸的船上。他窮盡一生探索遼闊的海洋，後來有一位歷史學家說：「他生活在海上、死在海上，也葬身在海裡。」嗯，今天我們也可以這樣形容挑戰者號的人員：他們就像德瑞克一樣，為探險徹底奉獻了所有。

挑戰者號太空梭的機組人員以他們生活的方式榮耀了我們。我們將永遠不會忘記他們，永遠不會忘記今天早晨我們最後一次看見他們的情景，當時他們正準備飛行並向人們揮手道別，「掙脫地球的桎梏」去「觸摸上帝的臉」。

老布希（1989-1993）

老布希總統支持太空發展與探索，在經濟困難時期依然下令補助 NASA 巨額預算。老布希政府在 1990 年發表有關 NASA 未來的報告，後來被稱為奧古斯丁報告。

老布希對美國太空計畫懷抱很大的夢想。1989 年 7 月，時值人類首度登月的 20 週年，他宣布了一項大膽的「太空探索計畫」（SEI）。計畫提議在月球建造名為「自由號」的太空站，讓人類能永久居住在月球上，以及在 2019 年啟動載人火星任務。

這個野心勃勃的目標估計要在隨後的 20 到 30 年，

耗資至少5000億。許多國會議員否決這個高昂的經費，因此該計畫從未付諸執行。

阿波羅11號登月20週年的演說

1989年7月20日在華盛頓特區美國國家航太博物館

我身後矗立著地球上最受歡迎的地方之一，它象徵美國的勇氣和智慧。而我面前站的是建立這些傳奇的人：美國太空人團隊。我們非常自豪能參與這個史無前例的美國退役太空人聚會，以及與全世界最偉大的三位英雄分享榮耀：阿波羅11號的成員。

很難相信20年過去了。阿姆斯壯和巴茲比麥克・傑克森早了15年發明月球漫步。當阿姆斯壯和巴茲登月時，勇敢的飛行員柯林斯，也是這個令人驚喜的博物館前館長，獨自在月球暗側飛行。柯林斯，你一定是當晚10歲以上美國人當中，唯一沒看到月球登陸的……

阿波羅計畫的目標是讓人類首次登上月球，有人稱它是狂想、不可能做到，但美國有這個夢想，而且也做到了。一切開始於1969年7月16日。那天當土星五號火箭噴射出驚人的火球帶領這三位登月先驅衝出雲霄時，感覺就像太陽再度升起。大地在腳下震動，圍觀的100萬名群眾，其中包括一半的美國國會議員，都摒住呼吸，從此我們對天空的看法改變了。

他們的旅程持續了三天三夜。這是一趟前所未有且令人嘆為觀止的危險航程。我們每個人都記得那個夜晚……

登陸的過程驚心動魄。當老鷹號航行在距離月球數千英尺的高空，警示燈閃起，而超載的電腦負荷讓任務面臨停止的威脅。阿姆斯壯手動控制以避開布滿巨石的隕石坑。燃料的損失引起新的警示，而此時視野已被火星灰塵遮蔽，控制中心開始執行強制中止的倒數計時。

美國，乃至整個世界，都仔細聆聽，我們的喉嚨哽住，我們的嘴唇祈禱著。燃料只能再維持 20 秒。然後在一片靜默之後傳來聲響：「休士頓，這裡是寧靜海基地：老鷹號已經登陸。」

……阿波羅號是不朽的豐功偉業，證明我國擁有無與倫比的能力，足以快速且成功地回應明確挑戰，也顯現美國願意為了巨大回報承擔巨大風險。我們面臨挑戰，我們設定目標，而且我們做到了。

所以，今天不僅僅要感謝這些太空人和他們的同事——憑靠全國數千名優秀人才的奉獻精神、創造力和勇氣，才能讓這個夢想成為現實——今天我們也要感謝美國人民始終抱持信念，因為阿波羅計畫的成功是整個國家敢於為夢想做出承諾的結果。

在我身後的這座建築，見證了阿波羅任務及更早的先驅——成功駕馭飛行器的人有阿姆斯壯、耶格爾、林白和萊特兄弟……太空是地球上所有先進國家不可迴避的挑戰。而且毫無疑問，人類在 21 世紀將再次離開地球去進行發現和探索的航程。曾經是不可能的，現在已無可避免。我們只是短暫相聚在地球，我們必須致力重啟載人探索太陽系和太空的長期任務，並且，是的，永久在太空居住。我們必須致力於未來，屆時美國人和所有國家的公民都將在太空生活和工作。

今日美國是地球上最富有的國家，擁有全世界最強大的經濟體。我們的目標也就是把美國打造成傲視群雄的航太大國……

1961 年，太空競賽危機迫使我們加快腳步。如今沒有危機出現，我們面對的是機會。為了抓住這個機會，我無意提出一個跟阿波羅號一樣的十年計畫，我要提出的是一個長遠且持續的承諾。首先，在接下來的十年裡，在 1990 年代：「自由號太空站」，這是我們所有太空活動的關鍵下一步。進入新的世紀後：「回到月球」，回到未來；而且這一次，我們不走了。接著是要走向明天，飛往另一個星球：載人火星任務。

每個任務都會為下一個奠定基礎。就跟 20 年前一樣，通往其他星球的第一站，是你們，是美國人民。而它的下一站就在那條街上，在美國國會，太空站的未來及我們作為一個航天國家的未來將在那裡被決定。

是的，我們正處在一個十字路口，在我們準備進入下個世紀時，必須做出艱難的決定。就像威廉 · 詹寧斯 · 布萊恩在上個世紀轉折時所說的：「命運不是機遇，而是選擇；命運不靠等待，而憑爭取。」

對於那些逃避眼前挑戰或者懷疑我們能否成功的人，讓我這樣說：目前月球上唯一的腳印是美國人的腳印，月球上唯一的國旗是美國國旗，完成這些壯舉的經驗是屬於美國的經驗。美國人懷抱的夢想，美國人都可以實踐。十年後，在這個不凡且驚人的飛行的30 週年，榮耀阿波羅太空人的方式不是把他們召回華盛頓再進行另一輪的感謝。而是完成自由號太空站並開始運營，使之成為世界的新橋樑，這是對我們國家的成長、繁榮和技術優勢的投資。而太空站也將成為太陽系最重要行星（也就是地球）的一個跳板。

正如我前幾天在歐洲所說，環境破壞是沒有國界的。為了尋求臭氧消耗、全球暖化和酸雨的新解決方案，我們需要一個大刀闊斧的國家和國際倡議。而這個名為「地球任務」的倡議，是我們太空計畫裡的重要組成……

太空站是持續載人探索的的第一步，也是必要的一步，我們很高興參議員葛倫、阿姆斯壯，以及這麼多我們今天感念的太空退役人員都簽署這個計畫。但是，這僅僅是第一步。今天我要求我的得力助手，我們能幹的副總統丹・奎爾，引領國家太空委員會確認下一輪探險的具體需求：必要的資金、人力和材料；國際合作的可行性；並制定可行的時間表……

探索宇宙有很多理由，但是美國有十個很特殊的原因，以至於必須永不停止追尋遙遠的邊界：十名勇敢的太空人做出最大的犧牲，推動了我們的太空探索事業。他們已經在天堂找到自己的位置，使得美國可以在太空中找到位置。

我們和他們一樣，也和哥倫布一樣，我們夢想從未見過的遙遠海岸。為什麼是月球？為什麼是火星？因為人類的命運就是去奮鬥、去探索、去發現，而美國的命運就是當領袖。

六年前，先鋒十號飛越海王星和冥王星軌道，這是第一個離開太陽系的人造飛行器，它飛向未知的目的地。它的航行時間跨越了五任總統的任期，距離地球 64 億 3600 公里。在未來的幾十年裡，我們會追隨先鋒十號的路徑，我們將前往鄰近的星體和新世界，去發現未知。也許在我有生之年不會發生，也許到了我小孩那一代也不會發生，但是由後人來實現夢想必須從這一代開始努力。我們今天跨出一小步，會累積成為人類未來的一大步。

比爾・柯林頓（1993-2001）

比爾 ・ 柯林頓在 1998 年末，他的第二任總統任期內，啟動國際太空站的建設。他在 1996 年公布了一項新的國家太空政策。

根據這個政策，美國日後的主要太空任務是「藉由人類和機器人探索提升對於地球、太陽系和宇宙的認識」以及「加強並維護美國國家的安全」。

後者和過去政府的太空政策有一致的陳述。不過有些學者認為 1996 年的公告開啟了美國發展太空武器的大門，即使該政策聲稱任何潛在的「控制」行動都會「符合國際公約」。

小布希（2001-2009）

小布希總統在 2006 年發表自己的太空政策聲明，進一步鼓勵太空民營企業。其中主張國家自衛權的部分比歷屆政府更積極，聲稱在必要情況下，美國可以拒絕敵對政權前進太空。

小布希也在 2004 年提出太空探險願景計畫，大幅調整了 NASA 的方向和未來。這是一個大膽的計畫，號召在 2020 年載人重返月球以為將來人類前往火星或更遠的地方做準備。它也指示 NASA 完成國際太空站，並在 2010 年解除太空梭任務。

為實現這些目標，NASA 啟動了星座計畫，該計畫旨在發展一艘新的「獵戶座」載人太空梭、一艘「牛郎星」月球登陸器及兩個新的火箭：執行載人飛行任務的戰神一號和運載貨物的戰神五號。但它並沒有實現，小布希的繼任者歐巴馬總統在 2010 年解除了星座計畫。

針對美國太空政策的評論

2004 年 1 月 14 日在華盛頓特區

2 世紀前，梅里韋瑟 ・ 路易斯和威廉 ・ 克拉克離開聖路易，前往從路易斯安那購地獲取的新領土探險。他們以探索的精神進行這趟旅程，了解這片廣闊新領域的潛能，並走出一條讓他人追隨的道路。

美國敢於到太空冒險也是出於同樣的理由。我們進行太空航行，是因為探索和了解的渴望是我們性格的一部分。而那些追求帶來改善我們生活多方面的實在利益。

太空探索引導天氣預測、通訊、運算、搜索和救援技術、機器人學和電子學的進展……

我們現行的探索太空計畫和飛行器將我們帶向遠方，它們運作得很好。

我們已經利用太空梭執行超過 100 次的任務。它被用來進行重要的研究與增加人類知識的總和……就在此刻，火星探索探測車「精神號」正在尋找地球外生命的證據。

但是除了這些成就，仍有很多等待我們去探索和學習。

過去 30 年裡，沒有任何人再度踏上另一個世界，或在太空冒險的距離超出 386 英里，這大概是華盛頓特區和麻州波士頓市的距離。

將近 25 年，美國一直沒有開發促進人類太空探索的新飛行器。

現在美國採取下一個步驟的時候到了。

今天我宣布一個新的計畫，為了探索太空與擴展人類在整個太陽系的存在空間……我們的第一個目標是在 2010 年完成國際太空站的建設。我們將完成我們所啟動的。我們將履行我們的義務，向這個計畫的 15 個國際合作夥伴負責。

我們將登上太空站，集中研究太空旅行對人類生物學的長期影響……

在太空站和地球所做的研究，能幫助我們更加了解並克服限制太空探索的障礙……

未來幾年，太空梭的主要任務是協助國際太空站完成組裝。2010 年，太空梭在服役將近 30 年後將會退役。

我們的第二個目標是在 2008 年發展和測試新的載人探索飛船，最晚在 2014 年進行首次載人飛行任務。

太空梭退役後，這種載人探索飛船將能運送太空人和科學家到太空站。不過這種太空船的主要任務是帶領太空人離開地球軌道前往其他世界。這將是自阿波羅指令艙之後的第一艘新型太空船。

我們的第三個目標是在 2020 年重返月球，為以後的任務做準備。

最遲不超過 2008 年，我們將執行一系列的機器人任務，到月球表面進行研究並為未來人類探索做準備。

2015 年，我們將會利用這種載人探索飛船到月球，進行延續的人類登月任務，目標是延長待在月球上生活和執行任務的時間。

尤金 · 賽南，今天也在現場，他是最後一個踏上月球表面的人。他離開的時候說道：「我們來過這裡，現在我們要離開了；如果情況允許，我們將會帶著全人類的和平與希望回到這裡。」

美國會讓這些話成真。

重返月球是我們太空計畫的一個重要步驟。在月球上擴展人類的存在空間，可以大大減少未來太空探索的成本，讓更有野心的任務成為可能。

舉起沉重的太空梭和擺脫地球重力所需的燃料是相當昂貴的。

如果在月球上組裝和配置太空船，因為重力小很多所以只需要極少的能量與成本。

而且月球還擁有豐富的資源，它的土壤裡有原料，可能可以蒐集並加工成火箭燃料或呼吸的空氣。

我們可以在月球上發展和測試新方法、新技術和新系統，讓我們能在其他更具挑戰性的環境中正常運行。

要朝向進一步的進展與成就，月球是合乎邏輯的步驟。

……即使是最生動的照片或最詳細的測量，最終還是無法滿足人類的求知欲。我們需要親身看見、檢驗和觸摸。而且只有人類能適應太空旅行無可避免的不確定性。

……進一步太空探索所產生的魅力，將激勵我們的年輕人學習數學、科學與工程學，創造出新一代的創新者和開拓者……

我們將會邀請其他國家分享這個新發現時代的挑戰與機會。

今天我勾勒的願景是趟旅程，而非競賽。

我呼籲其他國家加入我們的旅程，以合作和友誼的精神。

要實現這些目標需要長期的承諾。NASA 目前的五年期預算為 860 億美元。我們的新任務所需的經費大多來自重新分配，將從預算中挪用 110 億美元。

然而，我們需要新的資源。我會要求國會在未來五年增加 NASA 約 10 億美元的預算。

經費的增長以及我們太空機構的重新調整目標是堅實的開始，為的是迎接我們今天設立的挑戰和目標。

這只是個開端，未來資金政策將隨著我們實現這些目標的進展情況而變化。

我們開始冒險之前就知道太空航行有著極大的風險，不到一年前我們才損失哥倫比亞號太空梭。

自從我們啟動太空計畫，美國已經失去 23 名太空人和 1 名同盟國的太空人，其中有男有女，他們都認定自己的任務並承擔其中的危險。

就像其中一個家庭成員所說的：「哥倫比亞號的遺澤必須傳承下去，為了我們的孩子，也為了你們的利益。」

哥倫比亞號的機組人員沒有逃避挑戰，我們也不會。

人類被天空吸引的原因，和我們曾經深入未知土地和橫越大海是一樣的。我們選擇探索太空，因為這樣做改善我們的生活，也提升我們的民族精神。

巴拉克 · 歐巴馬（2009-）

歐巴馬總統在 2009 年號召一個專家小組審視美國的人類太空飛行政策，後來被稱為奧古斯丁委員會（老布希總統在 20 年前發布過名稱類似的報告，別將兩者搞混了）。

一年後，歐巴馬宣布了他的官方太空政策，內容與 NASA 一直以來的路線大相徑庭。新政策取消了小布希的星座計畫，奧古斯丁委員會發現該計畫進度明顯落後且超出預算。(不過歐巴馬還是支持繼續發展獵戶座太空船作為潛在的太空站救援飛行器。)

歐巴馬用以取代星座計畫的政策是，引導 NASA 把重點放在 2025 年讓人類登上小行星，然後在 2030 年代中期登陸火星。其中必須發展一種新的大載重火箭，預計在 2015 年完成設計。

新政策還尋求開發商業太空飛行的能力。太空梭在 2011 年退役後，歐巴馬計畫短期內先依賴俄國的聯合號火箭運送 NASA 太空人到太空站。

但就長遠來看，歐巴馬希望由非官方製造的太空船來承擔此業務，但目前尚未落實。因此歐巴馬承諾五年內追加 60 億給 NASA，用以協助公司發展新型太空船。

總統針對 21 世紀太空探索議題發表演說

2010 年 4 月 15 日在佛羅里達州麥里特島的甘迺迪太空中心

我要感謝參議員比爾・納爾遜和 NASA 署長查理・博爾登的非凡領導才能。我也要感謝在現場的巴茲。40 年前，巴茲就已經是傳奇人物。不過之後的 40 年，他也是美國在載人太空飛行方面最具遠見和權威的人士之一。

當涉及到太空探索，很少有人(現代的公司除外)比巴茲、納爾遜和博爾登更專業。我不得不說，顯少有人看到空軍一號不驚嘆的，除了這三位……

太空競賽鼓舞了一整代的科學家和改革家，肯定也包括你們其中許多人。它帶來難以估量的技術進展，從衛星導航到水質純化，從航空太空製造業到醫療成像，也改善了我們的健康與福祉。但我不得不說，在我上臺前和某個人碰面時，太空人飲料可不只有 Tang 一種——我必須說其實我真的很喜歡 Tang，我認為這是很酷的飲料。

領導世界太空的發展，幫助美國在地球上實現高度的新繁榮，同時展示一個自由開放社會運用其人民的聰明才智所帶來的力量。

……所以，身為總統，我相信太空探索不是奢侈品，它不是美國在尋求更美好未來的結果，它是尋求本身的重要組成部分。

所以今天，我想談談這個故事的下一章。跟幾十年前相比，現在我們的太空計畫面臨不同挑戰，我們對這一計畫的需求也不一樣了。我們不再是和對手競爭，不再只是為了實現搶先登月之類的單一目標。事實上，過去的全球競爭早已轉變為全球合作。不過過去 50 年裡，衡量我們成就的標準已發生很大變化，我們在探索新疆界時做了什麼或沒做什麼，對於我們未來在太空和此刻在地球都很重要。

所以讓我先明確表明：我全力支持 NASA 的任務和 NASA 的未來。因為擴展我們在太空的能力將繼續為社會提供服務，以我們幾乎無法想像的方式。因為太空探索將再次激發新一代的好奇心，點燃心中的熱情與啟動職業生涯。如果我們最終不能朝追求發現的道路前進，我們等於放棄了我們的未來，放棄美國人性格的基本要素。

我知道關於我的政府提出的太空探索計畫引發了一些疑問，尤其是在佛羅里達州，這裡有那麼多人依靠 NASA 獲取收入、自豪感及社交生活。隨著太空梭提供將近 30 年的服務而接近預計的退役時間，現在成了過渡期。我們可以理解這不僅加深人們對自己未來的憂心，也替那些將一生奉獻給太空計畫的人擔憂。

不過我也知道，在這些擔憂之下是一種更深層的憂慮，不只對於太空計畫，也針對它的管理。這是因為華府的政府官員有時較缺乏政治遠見，多年忽視 NASA 的任務與逐漸破壞履行職責的專業度。我們可以看到 NASA 的預算隨著政治風向而上下擺盪。

但是我們也可以從其他角度來看這件事：那些人在任內不願設定明確可行的目標、沒有提供滿足目標的資源，以及僅僅根據計畫本身來判斷，而非依據太空探索在 21 世紀的宏偉目標。

這一切必須改變。有了我今天概述的策略，我們將會做到。我們會在接下來五年開始增加 NASA 的 60 億預算……即使我們已經裁定凍結可任意支配開支，並力求削減其他地方的預算，NASA 的補助依然不會更動。

從一開始，當我在幾個月前分配預算時，NASA 就不是凍結預算的領域，事實上我們還增加了 60 億……

我們會增加對地球的觀察，來改善我們對氣候和地球的了解。將能利用科學獲得實際的好處，幫助我們保護未來世代的環境。

我們將延長國際太空站五年以上的使用壽命，同時真正利用它進行預設的任務：執行先進的研究，幫助改善在地球上的生活，以及測試並改善我們在太空的能力……

現在，我承認有些人認為與民間單位合作是不可行或不明智的。我不同意這個說法。事實是，NASA 一直依賴民營企業幫助設計和建造攜帶太空人到太空的飛行器，從約 50 年前水星計畫將約翰 ‧ 葛倫送入軌道的太空艙，到現在正在我們頭上飛行的發現者號太空梭。藉由購買太空的運輸服務，而不只是飛行器本身，我們可以繼續確保嚴格符合安全標準。但是，我們也將加速創新的步伐，許多公司，從年輕創業者到站穩腳步的領導者，正相競設計和建造攜帶人員和材料突破大氣層的新手段。

此外，這些努力有一部分是建立在獵戶座人員太空艙已完成的優秀工作上。我已要求查理 ‧ 博爾登立即開始採用這種技術開發一輛救援飛行器，因此如果有天必須從國際太空站緊急撤離回地球，我們不會被迫依靠外國的協助……

還有，我們將投資超過 30 億美元研發先進的「重吊火箭」，這種火箭可以有效將載人太空船、推進系統和到達深空所需的大量物資送上軌道……

……我們將立即增加其他突破性技術的投資，這將讓太空人更快且更常到達太空、以更低的成本更遠且更快地航行，以及更安全地在太空長時間生活和執行任務。這意味要解決重大科技難題。我們如何在太空執行長時間的屏蔽輻射？我們如何利用遙遠世界的資源？我們如何提供深空航行的太空船所需的能量？這些是我們能回應與即將回應的問題。而這些疑問的答案無疑將回饋地球無盡的利益。

所以重點是，我們所要追尋的並非是繼續走在相同的路徑，我們想要躍入未來，我們要做出重要突破，我們需要 NASA 改變規劃。

是的，此刻我們追求新的策略，將會需要修改我們舊的策略。在某種程度上，這是因為舊的策略（包括星座計畫）在很多方面並沒有實現它的承諾。這不只是我的判斷，這也是一個受敬重的非黨派專家小組的評估，他們詳盡檢視了相關議題。儘管如此，如今還是有些人抨擊我們所做的決定，其中包括我非常尊重與欽佩的人。

但是我盼望每個人都來看看我們的規畫，思考一下我們羅列的細節，並從中看出優點，就像我已經描述過的。重點在於沒有人比我更致力於載人航天飛行和人類太空探索。但是我們得聰明地進行，我們不能只是一直做同樣的事情，而誤以為這能帶我們到想去的地方。

舉例來說，有些人會說這個計畫放棄我們在太空的領導地位，因為 NASA 沒有去近地軌道執行任務，而是依靠企業和其他國家。但是，根據這個新計畫，我們實際上將更早也更常到達太空，而且所採用的策略將能幫助我們改善技術與降低成本，這兩者都長期持續太空飛行的關鍵……

也有人批評我們決定結束部分的星座計畫，將阻礙我們在低於近地軌道的太空探索。但恰恰是投資突破性研究和創新公司，才能迅速轉化我們的能力……

2020 年初，會先進行載人飛行測試，驗證未來要在近地軌道（low earth orbit）之外進行勘探所需的系統。預計到了 2025 年，我們會擁有專為長途太空旅行而設計的新太空船，得以展開史上第一次航向月球之外、深入太空的載人任務。因此，我們要開始了。我們將以首度送太空人上小行星作為開始。到了 2030 年代中期，我相信我們已經能把太空人送上繞行火星的軌道，並讓他們安全返回地球。接著就是登陸火星。

我預期在我有生之年能見到它實現。

但我想再次強調，我想強調深空探索的關鍵將是推進系統等先進技術的突破發展。所以我要求NASA打破這些壁壘，而我們將給你們資源突破這些障礙。我知道你們將會達成，就像過去一樣運用你們的獨創性和韌性。

現在，我明白有些人認為我們應該按照先前的計畫，先嘗試重返月球。但在此我必須直言 ：我們已經去過那裡，巴茲去過了。太空中還有更多地方等待探索，探索的同時還有很多事情要學。因此我相信更重要的是提升我們的能力，進行並達成一系列愈來愈嚴苛的目標，同時隨著每跨出新一步，便提升我的技術能力。而就是我們的策略，這就是我們在這個新世紀確保太空領導地位的方式，甚至能讓我們比上個世紀更為強盛。

最後，我想講幾句有關工作的話……儘管有相反的報導，但是未來兩年我的計畫會比前計畫提供太空海岸（Space Coast）地區超過2500個就業機會。所以我想強調這一點。

我們將會讓甘迺迪航天中心更現代化，在我們升級發射設施的同時創造工作機會。而且當弗羅里達州和美國各地的公司相競成為全新太空運輸產業的一部分，甚至能創造甚至更多就業機會……這些可能在未來數年內在全國創造超過一萬個就業機會……

如今，確實會有佛羅里達州居民發現他們執行的太空梭工作隨著計畫終止而結束。雖然這是根據六年前（不是六個月前）的決定，但是當這個決定成為現實，受到影響的家庭和太空社群還是深感痛苦。

因此，我在此提議，一方面是也在納爾遜、眾議員蘇珊 ‧ 科斯莫斯和博爾登的遊說之下，我提出一個 4000 萬的倡議，將在白宮、NASA 和其他機構組成的高階團隊領導下，制定區域經濟成長和創造就業的計畫。我預期這個計畫會在 8 月 15 日出現在我的辦公桌上。這是為了幫助這批相當熟練的勞動人口獲得太空產業與其他領域的新契機。

所以這是我們可以與 NASA 共創的未來，我們將會與企業合作，我們將會投資前瞻研究和技術，我們將設定高遠的里程碑，並提供資源以達到這些里程碑。一步一步地，我們不僅會擴展我們所能到達的邊界，也能開拓我們的能力。

在 NASA 創建 50 年後，我們的目標不再僅是達到一個目的地。我們的目標是延長我們在地球外安全工作、學習、運作和生活的能力，而且最終能永續經營。在執行這項任務的同時，我們不僅能擴展人類在太空的觸角，也將強化美國在地球上的領導地位。

現在，我將藉此總結我的演說。我知道有些美國人會問一個問題，特別是在繳稅日：為什麼要把錢花在NASA呢？為什麼不解決地球上的問題，要花錢解決太空的問題呢？顯然我們國家在經歷幾個世代以來最嚴重的經濟危機後，依然步履蹣跚，而且我們必須在未來幾年彌補巨大的結構性赤字。

但你我都知道這是一錯誤的選擇，我們的確需要解決經濟問題，我們需要彌補赤字。但是太空計畫是以小博大，它能推動工作機會與整個產業。過去我們放長線釣大魚，太空計畫已經改善我們的生活、提升我們的社會、強化我們的經濟，並且激勵了好幾代美國人，而且我毫不懷疑NASA可以繼續扮演這個角色。而這是為什麼……這正是為什麼我們要邁向新的路徑以及重振NASA和它的使命（不僅利用資金，還包括明確目標和宏觀計畫），是如此的重要。

就在40多年前的某一刻，太空人走下老鷹號登月艙的九個階梯，踏上地球唯一的月球充滿塵埃的表面。這就像一場大膽而危險的棋局的高潮，這個任務將我們推向知識、技術和人類解決問題能力的邊界。它不僅是NASA歷史上最大的成就，更是人類歷史上最大的功勳之一。

對我們來說現在的問題是，這是開始或是結束，而我選擇相信它才剛開始而已。

圖片來源

地圖

Carl Mehler, Director of Maps; Matt Chwastyk, map research and production

地圖地貌名稱

Gazetteer of Planetary Nomenclature, Planetary Geomatics Group of the USGS (United States Geological Survey) Astrogeology Science Center website: http://planetarynames.wr.usgs.gov

IAU (International Astronomical Union) website: http://iau.org

地圖影像

NASA (National Aeronautics and Space Administration) website: www.nasa.gov

Global map mosaic: NASA Mars Global Surveyor; National Geographic Society

Moon images: Phobos, Deimos, NASA, JPL (Jet Propulsion Laboratory, California Institute of Technology), University of Arizona

Global Mars centered on Valles Marineris: NASA, JPL (Jet Propulsion Laboratory, California Institute of Technology)

Cover, NASA/JPL-Caltech; Front and back cover (Background Stars), thrashem/Shutterstock; Back cover, Rebecca Hale, NGS; vi, Used by permission from the Buzz Aldrin Photo Archive; xiv, NASA; 3, Pete Souza/The White House; 7, Used by permission from the Buzz Aldrin Photo Archive; 8, Used by permission from the Buzz Aldrin Photo Archive; 11, NASA; 12, NASA; 15, NASA; 16, NASA/JSC; 18, NASA; 21, Tao gang sh-Imaginechina via

AP Images; 22, Used by permission from the Buzz Aldrin Photo Archive; 25, NASA/MSFC; 26, NASA/Bill Ingalls; 28, NASA and John Frassanito & Associates; 34, Used by permission from the Buzz Aldrin Photo Archive; 36, Courtesy Dr. Carter Emmart; 39, Courtesy Dr. Carter Emmart; 40, Courtesy Dr. Carter Emmart; 43, Courtesy Dr. Carter Emmart; 44, NASA; 50, Mark Ralston/AFP/Getty Images; 53, David Paul Morris/Bloomberg via Getty Images; 54, Stephen Boxall-steveboxall.com; 61, Bigelow Aerospace, LLC; 63, Bigelow Aerospace, LLC; 64, NASA/Bill Ingalls; 66, Mark Ralston/AFP/Getty Images; 69, Photo provided by Blue Origin; 71 (Both), Boeing; 72, Orbital Science Corporation; 74, Bryan Campen; 78, NASA; 80, NASA; 83, NASA; 84, NASA; 86, NASA; 91, NASA; 92, NASA/GSFC/Arizona State University; 95, NASA; 99 (All), Used by permission from the Buzz Aldrin Photo Archive; 104, Dwight Bohnet/NSF; 111, NASA/AMA Studios-Advanced Concepts Lab (ACL); 112, Courtesy Alex Ignatiev, University of Houston/Marjo Productions; 114, Roger Harris/Science Source; 116, NASA; 119, © David A. Hardy/www.astroart.org; 120, JAXA/NASA/© Pascal Lee 2012; 122 (UP), Stephen L. Alvarez/National Geographic Stock; 122 (LO), Universal Images Group/Getty Images; 125, Dan Durda/B612 Foundation/FIAAA; 126, B612 Foundation/Sentinel Mission; 129, NASA; 131, NASA; 132, NASA; 135, NASA; 141, AP Images/Planetary Resources; 144, Pete Souza/The White House; 150-1, NASA/USGS; 153, NASA/JPL-Caltech/Malin Space Science Systems; 155, Photo by Mark Thiessen/National Geographic; 159, Courtesy of Lockheed Martin; 161, ESA/DLR/FU Berlin (G. Neukum); 164, NASA/JSC; 167, NASA/JPL-Caltech; 168-9, Dan Durda/FIAAA; 170, NASA; 173, Bryan Versteeg/Spacehabs.com; 176, NASA; 179, NASA; 180, NASA; 185, Robert Zubrin; 186-7, SpaceX; 190, NASA/JPL; 193 (UP), NASA; 193 (LO), Arizona State University/Ron Miller; 194, Graphic by Robert O’Brien, Center for Space Nuclear Research at DOE’s Idaho National Laboratory; 197, NASA; 198, JPL/NASA; 200, NASA/JSC; 203, Photo by Mark Avino/NASM. Copyright: Smithsonian Institution; 206, Used by permission from the Buzz Aldrin Photo Archive; 210, Rebecca Hale, NGS.

彩色插頁

1 (UP), Used by permission from the Buzz Aldrin Photo Archive; 1 (LO), Used by permission from the Buzz Aldrin Photo Archive; 8-9, Illustration by Jonathan M. Mihaly (California Institute of Technology) and Victor Q. Dang (Oregon State University) in collaboration with Buzz Aldrin, Michelle A. Rucker (NASA JSC), and Shelby Thompson (NASA JSC). Vehicle components based on publicly available concepts for the NASA Deep Space Habitat, NASA Solar Electric and Cryogenic Propulsion modules, and the Lockheed Martin Orion vehicle; 10-1, Illustration by Jonathan M. Mihaly (California Institute of Technology) and Victor Q. Dang (Oregon State University) in collaboration with Buzz Aldrin, Michelle A. Rucker (NASA JSC), and Shelby Thompson (NASA JSC). Vehicle components based on publicly available concepts for the NASA Deep Space Habitat, NASA Solar Electric and Cryogenic Propulsion modules, and the Lockheed Martin Orion vehicle; 12-3, Art by Stefan Morrell. Sources: Christopher McKay, NASA Ames Research Center; James Graham, University of Wisconsin-Madison; Robert Zurbin, Mars Society; Margarita Marinova, California Institute of Technology. Earth and Mars images: NASA. Reproduced as originally published in National Geographic magazine, February 2010; 14 (Both), NASA/JSC; 15 (Both), NASA/JSC; 16 (Both), Used by permission from the Buzz Aldrin Photo Archive.

索引

☆ ☆ ☆

粗體代表圖片頁碼

索引

五劃

六劃

十劃

十一劃

十五劃

十六劃

十七劃

十八劃以上